国 家 自 然 科 学 基 金
湖 南 省 自 然 科 学 基 金 资助出版
湖南科技大学学术著作基金

双丝埋弧焊
数字化监测与控制

何宽芳 肖思文 李学军 肖冬明 著

机 械 工 业 出 版 社

焊接过程数字化监测与控制技术不仅是实现工程结构高效焊接制造的重要途径，同时也是现代焊接技术发展的重要方向。双丝埋弧焊焊接技术作为高效化焊接的一种主要方式，特别适合于中厚板结构长焊缝的焊接，在造船、压力容器、管道、核电站结构和海洋结构等领域有着广泛的应用。本书面向高效埋弧焊焊接技术的工程应用，详细地介绍了双丝埋弧焊焊接工艺与装备技术、埋弧焊过程数字化监测系统集成技术、埋弧焊过程监测电弧能量信号分析技术，埋弧焊过程数字化监测信息处理技术、双丝埋弧焊焊接参数智能优化、埋弧焊过程电弧稳定性模糊控制及双丝埋弧焊数字化协同控制。

本书对从事焊接设备生产、使用、管理与维护的工程技术人员，是一本有较大的指导作用和参考价值的书籍；也是高校教师和相关研究人员从事焊接装备技术及过程质量监控研究的重要参考著作，同时本书也可作为研究生教学的参考用书。

图书在版编目（CIP）数据

双丝埋弧焊数字化监测与控制/何宽芳等著．—北京：机械工业出版社，2016.6
ISBN 978-7-111-52510-3

Ⅰ.①双…　Ⅱ.①何…　Ⅲ.①埋弧焊－数字化－监控系统　Ⅳ.①TG445－39

中国版本图书馆 CIP 数据核字（2015）第 301871 号

机械工业出版社（北京市百万庄大街 22 号　邮政编码 100037）
策划编辑：何月秋　责任编辑：何月秋　王彦青
责任校对：陈　越　封面设计：鞠　杨
责任印制：李　洋
三河市宏达印刷有限公司印刷
2017 年 1 月第 1 版第 1 次印刷
148mm×210mm · 7.25 印张 · 1 插页 · 186 千字
0001—2000 册
标准书号：ISBN 978-7-111-52510-3
定价：69.00 元

凡购本书，如有缺页、倒页、脱页，由本社发行部调换
电话服务　　网络服务
服务咨询热线：010-88361066　机 工 官 网：www.cmpbook.com
读者购书热线：010-68326294　机 工 官 博：weibo.com/cmp1952
010-88379203　金 书 网：www.golden-book.com
封面无防伪标均为盗版　教育服务网：www.cmpedu.com

前　言

双丝埋弧焊技术作为高效化焊接的一种主要方式，适合于中厚板结构长焊缝的焊接，在造船、压力容器、管道、核电站结构和海洋结构等领域有着广泛的应用。但在实际生产过程中，由于存在设备复杂、焊接参数调整难度大、电磁干扰强烈、电弧波动较大等问题，严重影响了焊接过程的稳定性和焊缝成形质量。为了确保焊接质量，须对焊接质量的相关信息及其影响因素进行监测与控制。传统焊接质量的监控方法依靠焊后检验，凭经验调整焊接参数，作为工艺设置的参考。虽然焊后检验在多电弧埋弧焊工艺质量保证体系中必不可少，但不具实时性，无法在线、准确地获取反映焊接质量的关键信息，进而无法把握焊接参数调整的方向和尺度，生产工艺条件如稍有偏差，焊缝接头就会出现各种焊接缺陷。因此，研究双丝埋弧焊的过程数字化监测与控制技术，对于保证双丝埋弧焊焊接过程稳定和获得高质量的焊缝具有重要的意义。

近年来，作者对逆变式双丝埋弧焊过程在线监测、焊接质量数字化监测、电弧信息特征提取、焊接参数智能优化、电弧稳定性及双电弧协同控制技术，结合当前计算机、现代传感和信息等技术在埋弧焊领域的应用现状，以形成逆变式双丝埋弧焊过程数字化监测与控制技术为目标进行了系统的研究。本书分别详细地介绍了逆变式双丝埋弧焊焊接工艺特点与装备技术、埋弧焊焊接过程数字化监测系统集成技术、埋弧焊过程监测电弧能量信号分析技术、埋弧焊过程数字化监测信息处理技术、双丝埋弧焊焊接参数智能优化、埋弧焊过程电弧稳定性模糊控制及双丝埋弧焊数字化协同控制技术，并针对每部分内容给出了应用实例。这些理论方法和技术手段为提升逆变式双丝高效埋弧焊装备的自动化水平及高效率、高质量焊接制造提供了技术保障。

写作本书的目的主要是为从事双丝高效埋弧焊技术相关的科学研究、工程技术人员以及高等院校、科研院所有关教学和学习用途提供一本参考书，尤其适用于研究生教学参考用书。同时本书针对性和实用性强，在结合基础理论研究与工程实际时，论述通俗易懂，深入浅出便于广大现场工作人员使用参考。由于作者学识水平有限，书中难免存在错误与疏漏，恳望读者指教。

本书所涉及的研究工作得到了国家自然科学基金（51475159、51005073）和湖南省自然科学基金（11JJ2027）项目的资助及湖南科技大学机械设备健康维护省重点实验室和湖南科技大学机电工程学院的大力支持，湖南科技大学著作出版基金对本书的出版给予了资助，硕士研究生成勇、谭智、张卓杰、周志鹏、王超、杨庆和王勇承担了大量的书籍整理工作，特此一并致谢。

作　者

目　录

第 1 章 绪　论

埋弧焊作为一种传统的焊接方法，特别适合于中厚板结构长焊缝的焊接，在造船、压力容器、桥梁、铁路车辆、工程机械、管道、核电站结构和海洋结构等领域有着广泛的应用，是焊接生产中最为普遍使用的方法之一。应用现代计算机、现代传感、信息与先进控制等技术，通过研究与开发贯穿焊接过程的焊接质量在线监测及控制技术，有利于提升埋弧焊装备的自动化水平，是实现高效率、高质量焊接的重要途径，也是当前焊接制造质量工程发展的方向。

1.1 埋弧焊数字化监测与控制的目的与任务

在现代制造业的生产过程中，焊接技术起着十分重要的作用，它广泛应用于电站、核能、石化、冶金、建筑、桥梁、船舶、汽车、航空航天、电子部件以及日用家电等国民经济各个领域。据不完全统计，工业中约 50% 的钢结构离不开焊接制造加工。近年来，工业生产的需求推动了新型高效化焊接技术的发展。埋弧焊以其自动化程度高、生产效率高、焊缝成形好、没有弧光辐射等优点，广泛应用于造船、石油化工和压力容器等的制造中[1-5]。随着国际市场竞争的加剧以及世界范围内对能源的关注，以低能耗、低污染、低排放为基础的“低碳经济”模式已纳入到各国发展的进程中。因此，改善焊接质量，进一步提高焊接过程的自动化和生产率水平越来越受到重视。通过先进新型高速焊接装备技术来完成产品的高质量要求，不仅有利于改造传统产业，推动产业结构升级，而且有利于转变经济发展方式，大幅度降低焊接操作者的劳动强度、提高能源的利用和劳动生产效率。

焊接过程监测与控制是保证焊接产品质量不可缺少的重要措施。一方面，通过监测可以发现制造过程中的质量问题，找出原因，及时消除生产过程中的缺陷，防止类似的缺陷重复出现，减少返修次数，节约工时、材料，从而降低成本；另一方面，根据监测获取的信息和知识，获得能实际使用的最佳的焊接工艺、技术措施及焊接参数，在提高生产效率的同时使焊接产品质量得到保证。

焊接过程监测与控制贯穿整个焊接过程，包括焊前、焊接过程中和焊后成品检验三个阶段。其中，焊接过程中的在线检验与控制显得更为重要，是防止产生缺陷、避免返修的重要环节。由于在实际焊接过程中存在无法预知的随机干扰因素，影响焊接制造质量。因此，在诸多干扰因素可能产生的条件下，需要在焊接过程中采用实时的焊接质量监测与控制来得到比较满意的焊接质量。为了防止焊接过程中由于操作、设备运行原因或其他特殊因素的影响而产生的焊接缺陷，工作人员在焊接生产过程中采用各种技术手段，来实现实时焊接质量监测与控制，其具体内容主要包括：

1）焊接过程中焊接设备的运行情况是否正常。

2）焊接工艺规程和规范的执行情况。

3）焊接夹具在焊接过程中的夹紧是否牢固。

4）操作过程中可能出现的未焊透、夹渣、气孔、烧穿等焊接缺陷。

5）焊接接头质量的中间检验，如厚壁焊件的中间检验等。

传统焊接质量监测与控制主要依靠焊后超声、磁测法、X 射线法等无损检测方法或基于切割、拉伸、剪切和冲击试验的破坏性抽检方法[6,7]，经历一定的检验流程，凭经验调整焊接参数，作为工艺设置的参考。虽然这种焊后检验在埋弧焊工艺质量保证体系必不可少，但不具实时性，无法在线、准确地获取反映焊接质量的关键信息，进而无法把握焊接参数调整的方向和尺度，生产工艺条件稍有偏差，焊缝接头就会出现各种焊接缺陷。随着科技进步促使传统制造工业向先进制造技术方向发展，利用计算机、现代传感、信息等技术，研究和应用贯穿焊接过程的焊接质量在线监测及控制方法，实现对焊接质量信息的快速、准确的在线监测，抑制焊接质量缺陷的产生，并利用先进控制技术对焊接过程各种影响焊接质量的因素进行实时控制，确保高速焊焊接结构质量，实现焊接结构高效化生产，是当前焊接制造质量工程发展的方向[8-10]。

1.2 焊接过程数字化监测与控制的现状与发展

随着计算机、传感、信息、电子技术的飞速发展，促使传统制造工业向先进制造技术方向发展。这些先进技术在焊接领域同样得到了广泛的应用，为实现数字化焊接装备提供了重要的技术支撑。已广泛应用于焊接自动化监测与控制领域，正逐步向焊接科研、生产、管理、自动控制各个领域深入发展。借助先进技术，可根据母材种类、厚度自动选择焊接参数，调整规范，对焊接参数记录、分析，实现整个焊接过程全自动化监测及自适应控制。主要体现在：焊接过程动态监测、电弧信息数字化处理、电弧稳定性控制、焊接过程动态控制、工艺智能化优化与管理等。

1.2.1 焊接过程动态监测

焊接工艺过程监测与控制复杂，而且针对不同工况，工艺控制及参数存在较大的差异，属于复杂的监控群体[11]，一般指针仪表加示波器的测试方式已满足不了其过程测量、分析的要求。利用计算机接口技术，采用高级语言（如 VB、VC、DELPHI 等）进行焊接过程监控系统的研制与开发是实现焊接过程监测的重要手段之一[12]。华南理工大学薛家祥在计算机平台上采用VC6.0编程实现了弧焊电信号的频谱分析和小波分析[13,14]，从而为弧焊焊接参数的设计提供依据。南昌航空工业学院的罗贤星等人在计算机平台上利用Visual Basic语言编程，对硬铝进行点焊电流和压力的实时监测，焊接电流和电极力波形的实时显示，通过对参数监测，可以直观地分析和再现不同的点焊影响因素，焊接电流和电极力的变化特征与所对应的焊点质量之间的关系，为多参数联合监控奠定了基础[15]。天津大学的高战蛟等人利用虚拟软件Labview对铝合金点焊电流和电极压力监控系统、信号的实时采集和监控进行了研究[16]。兰州理工大学马跃洲等人研制了以AduC812单片机为核心，选用程序设计语言Visual Basic和AC6115系列数据采集卡开发了电阻焊数据采集及分析系统[17]。2005年，天津大学史涛等人设计了基于Labview平台的铝合金点焊过程电压、电流、声信号和电极位移等信号的实时采集系统，该系统能够正确采集铝合金在电阻点焊过程中的各个特征信号，实现了焊接参数的实时监测[18]。文献［19-21］介绍了以Labview和Labwindows/CVI为开发平台、以线性回归模型和非线性回归模型为核心算法的弧焊品质在线定量评价系统。湖南科技大学研发了基于以太网通信技术的双丝焊接过程电弧能量信号数据采集与分析系统，实现了对双丝埋弧焊过程的动态监测与控制[22,23]。

综上所述，近年来随着电弧焊在工业上的应用增加，国内外专家学者对电弧焊的研究比较广泛，涉及焊机动态机械性能、焊接动态参数的测试系统及测试方法等方面的研究，虽然所建立的测试系统及选用的测试手段有所不同，但目的均旨在通过这些测试系统和测试方法来获得焊接过程动态参数，实现焊接过程的在线监测，这些研究成果为双丝高效埋弧焊过程参数与质量实时监控提供了技术手段。

1.2.2 焊接电弧信号分析与处理

利用电弧信号获取焊接质量信息实现焊接质量的监控是保证焊接

质量的重要方法，也是焊接质量监控研究的热点技术。焊接过程中电弧电压和电流直接影响电弧稳定性、热传输特性、熔池几何形状等，同时焊接过程将产生声、光、磁、热等信号。这些信号与焊接参数有密切关系，是不同焊接状态下的产物，并间接反映了焊接稳定性与焊接质量。国内外专家学者利用电弧信号在焊接质量的在线监测与控制方面做了大量的工作。20 世纪 80 年代至 90 年代，Shea[24]、Arata Yoshiaki[25,26]、Saini[27]、Johnson[28]、Quinn[29]等利用熔化极气体保护焊电弧的光谱信号、声信号、电弧电流和电压，分析焊接过程各种物理和化学变化、进行焊接熔滴过渡、导电嘴的磨损情况监控等。这一阶段的研究主要集中在分析电弧信号与焊接物理现象的关系或直接通过电弧信号对焊接过程进行监控，但没有通过电弧信号的采集进行深入分析提取焊接质量信息。电弧信号中焊接电压及电流物理意义较明确，采集方便，具有周期短、频率高、信号频率幅值变化剧烈等特点，且与电弧稳定性、熔滴过渡以及焊接质量直接相关，因此成为焊接过程质量监控最常用的源信号。20 世纪 90 年代末，Y Cho[30]、区智明[31]、曾安[32]、俞建荣[33]等从实时采集电阻焊、熔化极气体保护焊焊接电流、电压信号中，研究了动态电阻、电流、电压的统计参数概率等对焊接过程燃弧电弧稳定性和焊接质量的影响关系，为焊接过程质量的评判、监控提供了依据。这个阶段的研究均以焊接电压与电流作为信息源进行焊接质量监测，其中分析方法以信号时域特征的统计分析为主，即通过时域内的统计学特征进行焊接过程稳定性或焊接质量的监测。由于影响焊接质量的因素的不确定性、非线性相互耦合，实际监测得到的电弧信号属于非平稳信号。目前有关于电弧信号小波分析的报道[34-39]，这方面的报道主要集中在电弧信号消噪处理和奇异点监测。也有学者将时频分析方法引入到电弧信号分析与处理，对电弧信号分析提取电弧特征信息，实现对焊接过程稳定性、焊接质量的评定，常用的时频分析方法有窗口傅里叶变换（Gabor 变换）、连续小波变换、Wigner-Ville 分布、HHT 和 LMD[40-45]。

1.2.3 焊接过程数字化控制

焊接过程包括引燃电弧、焊接和熄弧三个阶段，若要实现焊接自动化过程，则这三个阶段的动作需通过计算机控制系统自动地来完成。对于埋弧焊工艺，引燃电弧过程，一般要求是先使焊丝与焊件接触短路，焊机启动后通过缓慢送丝引燃电弧；电弧引燃后，行走机构先不移动，待电弧燃烧稳定后，要求焊机能自动地按预先选定的焊接参数进行焊接，并能保证这些参数在整个焊接过程中稳定；焊接结束时，焊机要求先停止行走和降低焊接电流、电压，利用电弧回烧填满弧坑，最后切断焊接电源和送丝，这样既能填满弧坑又不至于焊丝与焊件粘住，而且使焊丝末端结球削小有利于再次起弧，并使焊缝获得首尾大小相当和焊接过程均匀成形。显然，单根焊丝引弧、熄弧和焊接过程自动化控制比较简单，在实际中也容易实现，但在多电弧埋弧焊接过程中，由于各焊丝（串列）不在同一位置，每根焊丝需按一定时序关系引弧、收弧才能获得好的焊接效果。此外，焊接过程中，各电弧的稳定性及其协同控制直接影响着焊接质量，这一问题不仅表现在弧焊电源外特性、动态特性的性能和电弧稳定性，还表现在各焊丝参数搭配，对各焊丝电流、电压参数的整体搭配和各电弧之间相互作用合理控制。因此高效埋弧焊过程计算机控制可以归结为对各直流弧焊电源和交流方波弧焊电源的协同控制问题[46]。

为实现高速焊下获得优质焊缝成形，该过程不仅体现为对两电弧输入熔池的热量合理控制，还需要对焊接过程稳定控制，这一问题主要表现为粗丝埋弧焊大电流电弧稳定的控制。目前，埋弧焊电弧稳定性控制算法使用最普遍的是 PID 和 PI 以及模糊 PID 算法。有些弧焊电源采用硬件实现 PI 功能，优点是硬件的反应速度快、简单、容易实现、成本低，缺点是没有微分环节，对误差随时间的变化率没有预知作用，动态特性稍逊，而且硬件实现的控制策略通常是不具有柔性即不容易改变。采用程序实现的控制策略具有相当的柔性，在焊接控制领域中已经有了较多的应用，如文献［47］介绍了基于短路过渡 CO_2 焊接短路阶段电源输出电阻的变化规律，利用 MC68HC11A1 单片机为核心建立了焊丝伸出长度变化前馈—过渡频率负反馈控制系统，实现了波形控制恒频短路过渡 CO_2 焊接，极大地提高了焊接过程的稳定性和适应能力。

在焊接控制过程中，由于有诸多不确定和干扰因素，依赖传统控制技术往往不能应付大范围的干扰和过程参数的突变。近年来，人工智能的出现，为处理焊接过程复杂系统提供了技术基础。国内外许多学者利用专家系统、模糊控制、神经网络控制对弧焊电源外特性及动态特性进行控制，并取得了较好的成果。文献［48］提出了一种新方法，研制了一种基于模糊逻辑控制的具有恒流特性的焊接逆变电源，这种电源用于 CO_2 的 GMAW（Gas Metal Arc Weld）焊接，采用的模糊逻辑控制方法对逆变电源的特性进行控制，实现了对飞溅的独立控制和弧长稳定性的控制，并成功地进行了试验。Cook 用人工神经网络实现焊接过程的建模与控制，对可变极性等离子弧焊过程进行了监测与控制，用这种方法建立起来的系统模型具有自学习功能，适应性强[49]。黄石生教授、覃敬藤等人还设计了一种 TIG 焊接参数自调整模糊与积分的混合控制器，该控制器采用精确量积分形式，以消除极限环震荡现象，获得了平缓的控制特征，保证系统的稳定性，改善了系统的动态性能[50]。2001 年，蒙永民博士的“GMAW-P 焊熔滴过渡模糊控制的研究”一文中，应用双模糊控制器技术，即当弧压误差较大时，采用自调整因子的粗调模糊控制器，以送丝速度为控制量，当弧压误差较小时，采用细调模糊控制器，控制焊接过程中的弧压，使之稳定[51]。兰州理工大学焊接研究工作者以埋弧焊控制系统为研究对象，用模糊控制器取代传统的基于系统模型的 PI（D）调节器，设计了一种新型的模糊控制送丝系统配斜特性电源，对直径 $\phi4$ 和 H08A 的焊丝，在焊接电流 300～400A，不同焊接电压的各种规范下进行了焊接试验，为实现高质量埋弧自动焊过程控制提供一种新的方法[52]。对于大功率高速埋弧自动焊过程，在传统控制方法基础上，将先进智能控制算法引入计算机控制系统，取长补短，将得到更好的控制效果[53]。

1.2.4 焊接工艺优化搭配及管理

焊接参数优选一直是广大焊接设计人员关注的问题。长期以来，焊接参数的设置一直是凭借经验通过反复试验获取，试验优化得到的焊接参数精度取决于试验的水平和数量，为获得精确、可靠的焊接参数，需增加试验的次数和提高试验的水平，这势必造成大量的人力、物力浪费。近年来，研究者们采用多种方法对焊接工艺优化进行了研究。韩国学者 Kim 等建立了机器人 GMA 焊缝尺寸（熔宽、熔深）与焊接电流、电压和焊接速度之间的数学关系式，利用建立的关系式进行了焊接参数选择[54]。实际焊接过程中，埋弧焊焊缝成形指标（熔深、熔宽）主要取决于焊接参数，它们之间关系复杂属于非线性范畴，难以给出确定的数学表达式[55,56]。因此，建立准确、有效的焊接参数优化模型是实现焊接过程工艺优化的前提。随着现代模型辨识方法的发展，焊接界的许多研究人员将现代模型辨识方法应用到焊接过程建模[55-60]。1993 年，李迪博士将神经网络控制应用于焊接质量建模，采用神经网络建立了 GTAW 过程稳态情况下，焊接电流、焊接速度、焊接电压与熔透的关系，即建立了 GTAW 的静态模型[55]。2000 年，赵冬斌博士对三维视觉传感填丝脉冲 GTAW 熔池形状动态智能控制进行研究，采用图像传感的方法获得了清晰的熔池图像，然后通过图像处理的方法获得有关熔池形状特征的参数，建立了焊接参数同熔池形状参数之间的模型关系[56]。2002 年，张广军博士实现了视觉传感的变间隙填丝脉冲 GTAW 对接焊缝成形智能控制，建立了 GTAW 焊接过程中焊接参数同熔池正面形状参数之间的神经网络动态模型 TDNNM，以及焊接参数同熔池正面参数联合预测熔池反面宽度和正面高度的神经网络动态模型 BWHDN-NM[61]。文献［62］利用BP网络，根据900余份焊接工艺评定报告，针对不同母材种类、母材厚度、焊接位置等，建立了焊条电弧焊和埋弧焊的焊接电流、电压、线能量等参数的6种焊接参数设计网络模型。华南理工大学黄石生教授科研团队以GTAW厚度为2mm的低碳钢为对象，在特定的钨极直径和气体流量的条件下，利用神经网络建立了焊接电流、焊接电压和焊接速度与焊缝正面熔宽和背面熔宽的关系[63]。建立的焊接参数与焊缝成形质量指标之间的关系模型表现为多变量、非线性、多约束、多极值，常规的优化方法如单纯形法、牛顿法、共轭梯度法、模式搜索法和填充函数法等，对于这类问题最优求解往往束手无策。近年来随着智能技术的发展，人们提出了许多新的仿生智能算法，如遗传算法、粒子群算法、蚁群算法、模拟退火算法等，这些算法都是相当有效的，为解决优化问题提供了新的思路和手段[64]。此外，焊接试验条件及参数工作范围较宽，试验设计法成为研究焊接参数对焊缝成形质量指标的影响和优化工艺的重要方法之一。文献［65］提出了通过正交试验设计方法，建立了焊接电流、电压和焊接速度与焊缝尺寸（熔宽、熔深）回归方程，并探讨了焊缝尺寸与焊接参数的关系。将人工神经网络技术和正交试验设计方法结合用于建立焊接参数和焊缝成形质量指标之间的关系模型，并采用先进优化算法获得优化的焊接参数，是保证高速焊焊缝成形质量与提高焊接效率的重要方法[66]。

此外，在埋弧焊焊接过程中，焊接工作条件与焊接参数的关系难以量化，焊接参数的制定在很大程度上依赖于少数有经验的焊接专家，这些都将影响到生产效率和生产成本。将专家系统应用到焊接领域，模拟人的逻辑思维进行推理来解决实际问题，可降低对专家的依赖，对提高生产效率、保证焊接质量十分有利。焊接专家系统的研究始于20世纪80年代中期，至今，国内外各企业、研究机构已根据焊接专家知识，研制出了多种类型的专家系统，主要涉及焊接工艺设计、参数选择，焊接缺陷或设备故障诊断等。随着计算机、信息处理技术迅速地引入焊接领域，这些专家系统在知识获取、知识库管理机制和推理控制策略和解释机制等方面都有较大的改进[67]。我国也几乎与国外同时开始了焊接专家系统的研究工作。最早见于报道的是南昌航空工业学院的焊接方法选择专家系统[68]。清华大学、哈尔滨工业大学等都先后进行了焊接专家系统的开发[69-74]。一些专家系统是在与企业的紧密合作下完成的，保证了软件的质量和实用性，清华大学研制的“通用型弧焊工艺专家系统”和哈尔滨工业大学研制的“焊接工艺数据库及专家系统”均得到较好应用。

随着焊接专家系统的发展和新的实际问题的提出，对其开发技术的研究将进一步引起重视[75]。数据库管理系统在为专家系统的推理及知识获取、咨询和解释提供支持的同时，对各种焊接工艺文件提供完备的计算机化管理，从而实现焊接工艺计算机一体化管理。利用数据库技术，研究以当前获得快速发展的焊接数据库作为知识源的自动知识获取机制，将成为焊接 ES（Expert System）的一个值得重视的研究方向[76-78]。

1.3 高效埋弧焊数字化监测与控制的内容及特征

埋弧焊焊接工艺、装备及其数字化在线监测与控制新的内容和特征：

1）采用大功率逆变式弧焊电源技术、数字化动态精密控制技术、协同控制技术，在 IGBT 不需并联增容的情况下，使用模块式结构的电路拓扑，通过双个 630A 全桥型逆变器各自限流和并联协调运行，实现功率增大至 DC1250A/方波交流 1250A 输出，用于高效双丝埋弧自动焊装备与新的高速焊工艺。通过对两根粗丝（$\phi3 \sim \phi5$mm）分别供以强电流（目前国内外能达到 600A 左右，本装备可以达到 1000A），大幅度提高厚大构件焊接的熔敷系数，加速熔池的成形，大大提高焊接速度（2～3倍）和生产效率，减少变形、提高质量，同时实现双重节能的效果，即逆变式电源比可控硅整流式节电20%～30%，第一个电弧对第二根焊丝的预热作用又可省电20%～30%。该装备技术工作稳定，参数调整方便，为功能升级二次设计、工艺试验提供足够的灵活性、精确性和可重复性。

2）随着计算机、传感、现代控制技术在焊接工程中的推广和应用，大大提高了焊接过程控制的自动化水平，基于计算机控制的焊接过程自动化控制技术已逐渐成熟，这为双丝埋弧焊过程自动化监控提供了理论基础和方法。针对双丝埋弧焊过程焊接参数监测与控制，设计双电弧埋弧焊过程计算机监控系统硬件平台，开发了面向双丝埋弧焊过程监测与控制的计算机软件系统。可以实现双丝高速埋弧焊焊接参数优化设置、电弧模糊调节、双电弧起弧、收弧时序控制等功能，减少了许多复杂的硬件控制电路，焊接过程具有柔性化控制特点，使焊接设备具有较强的适应性。

3）通过电弧信号分析提取电弧特征信息，实现对焊接过程稳定性、焊接质量的评定，是实现焊接过程电弧稳定性及焊接质量监测的有效途径之一。将先进计算机、传感、信息技术应用到焊接过程电弧信号的监测中，能有效实现焊接过程中电弧的电流、电压信号的高速准确记录与存储。并利用现代信号分析处理技术，对焊接过程中电弧信号进行分析处理，提取反映焊接过程电弧稳定性和焊接质量信息的焊接电弧能量特征，能有效实现对高速焊接过程电弧稳定性、焊接质量的动态监测和焊接参数合理性搭配评估。

4）双电弧高速埋弧焊电弧的稳定性控制主要表现为高速下粗丝（直径≥3.0mm）在通以数百上千安的电流，电弧自身调节能力比细焊丝差，无法靠自身调节能力来恢复弧长，实际埋弧焊接过程中，由于外界干扰等因素，会造成焊接过程电弧弧长的不稳定，加上两电弧之间电磁干扰影响，焊接电弧更加不稳定，直接影响焊缝成形质量。所以埋弧焊电弧稳定性控制显得更为重要，这就需要通过弧长控制加以解决。借助数字化控制技术，精密控制电弧能量参数实现粗丝焊熔滴大小、过渡的平稳性，多参数优化匹配，增强电弧的挺度，以便进一步提高焊接速度并获得均匀美观的焊缝成形。

5）影响双电弧埋弧焊焊缝成形的焊接工艺因素较多，焊接参数的控制及管理较为复杂，电弧间存在相互预热作用，前后两根焊丝的电流、电压、焊丝间距和焊接速度等参数的合理选择是焊缝成形好坏的关键。建立焊接参数（如焊接电流、电压和焊接速度）与焊接质量或电弧能量特征的关系，如将人工神经网络技术和正交试验设计方法结合用于建立焊接参数和焊缝成形质量指标之间的关系模型，并采用先进优化算法获得优化的焊接参数，是保证高速焊焊缝成形质量与提高焊接效率的重要方法。同时，将数据库技术应用在埋弧焊焊接参数数据库管理系统的建立与管理中，并借助面向对象的软件开发技术，对各种焊接工艺文件提供完备的计算机化管理，从而实现焊接工艺计算机一体化管理。

参考文献

[1] 潘继銮，等. 焊接手册：第1卷 焊接方法与设备 [M]. 北京：机械工业出版社，1992.

[2] 陈裕川，李敏贤，等. 焊工手册 [M]. 2版. 北京：机械工业出版社，2006.

[3] 姜焕中. 电弧焊及电渣焊 [M]. 北京：机械工业出版社，1989.

[4] Lytle A R, Frost E L. Submerged-melt welding with multiple electrodes in series [J]. Welding Journal, 1951, 30 (2): 103-110.

[5] Ashton T. Twin-arc submerged arc welding [J]. Welding Journal, 1954, 33 (4): 350-355.

[6] 周正干，刘斯明. 非线性无损检测技术的研究、应用和发展 [J]. 机械工程学报，2011，47 (8)：2-11.

[7] 封秀敏，刘丽婷. 焊接结构的无损检测技术 [J]. 焊接技术，2011，40

(6)：51-54.
[8] 陈丙森. 计算机辅助焊接技术 [M]. 北京：机械工业出版社，1999.
[9] 赵亚光. 微型计算机在焊接中的应用 [M]. 西安：西北工业大学出版社，1991.
[10] 王其隆. 弧焊过程质量实时传感与控制 [M]. 北京：机械工业出版社，2002.
[11] 杨燕. 焊接过程实时监测与质量分析系统 [D]. 南京：南京理工大学，2006，4-6.
[12] 贾占远. 电弧焊工艺参数监测及分析系统研究 [D]. 吉林：吉林大学，2004.
[13] 薛家祥，李海宝，张丽玲. 弧焊过程电信号的频谱分析 [J]. 电焊机，2005，35 (8)：43-46.
[14] 薛家祥，易志平. 弧焊过程电信号的小波包分析 [J]. 机械工程学报，2003，39 (4)：128-130.
[15] 罗贤星，师宁侠，张晨曙. 应用 Visual Basic 实现点焊电流和压力的实时监测 [J]. 电焊机，2003，33：14-16.
[16] 高战蛟，罗震，中一平，等. 基于 Labview 铝合金点焊电流和电极压力监控系统的研究 [J]. 焊接技术，2006，35：44-46.
[17] 金丽华. 电阻焊数据采集分析系统研究 [D]. 兰州：兰州理工大学，2004.
[18] 史涛. 基于 Labview 的铝合金点焊数据采集系统的设计 [C]. 中国科技论文在线，2005.
[19] 王笑川，杨宗辉. 基于虚拟仪器 CO_2 弧焊分析仪的研制 [J]. 仪表技术，2005，(2)：44-45.
[20] 武华，杨宗辉，柳秉毅. 基于虚拟仪器的 CO_2 弧焊品质定量评价系统 [J]. 南京工程学院学报：自然科学版，2004，2 (4)：22-28.
[21] 王笑川，杨宗辉，李铜. 基于 Labwindows/CVI 的 CO_2 弧焊品质定量评价系统 [J]. 电焊机，2005，35 (4)：35-37，55.
[22] He Kuanfang，Zhang Zhuojie，Chen Jun，Li Qi. Ethernet Solutions for communication of Twin-Arc High Speed Submerged Arc Welding equipments [J]. Journal Of Computers，2012，7 (12)：3052-3059.

[23] Li qi, Li Xuejun, He Kuanfang. Digital Monitoring and Control System Based on Ethernet for Twin-Arc High Speed Submerged Arc Welding [J]. Lecture Notes in Electrical Engineering, 2012, 138: 517-526.

[24] Sheal J E, Gardner C S. Spectroscopic Measurement of Hydrogen Contamination In Weld Arc Plasmas [J]. Journal of Applied Physics, 1983, 54 (9): 4928-4938.

[25] Arata Yoshiaki. Effect of current waveform on TIG welding arc sound [J]. Transcations of JWRI, 1980, 9 (2): 25-29.

[26] Arata Yoshiaki. Vibration analysis of base metal during welding [J]. Transcations of JWRI, 1981, 10 (1): 39-45.

[27] Saini D, Floyd S. An Investigation of Gas Metal Arc Welding Sound Signature or On-Line Quality Control [J]. Welding Journal, 1998, 175-179.

[28] Johnson J A, Carlson N M, Smartt H. B. Process control of GMAW: Sensing of metal transfer model [J]. Welding Journal, 1991, 70 (4): 91-99.

[29] Quinn T P, Madian R B, Mornis M A. Contact tube wear detection in gas metal arc welding [J]. Welding Journal, 1995, 74 (4): 115-121.

[30] Cho Y, Kim Y, Rhee S. Development of a quality estimation model using multivariate analysis during resistance spot welding [J]. Welding Journal, 2002, 81 (6): 104-111.

[31] 区智明. CO_2 焊接电弧信号分析与稳定性的评价 [C]. 第三届计算机在焊接中的应用技术交流论文集, 2001 (11): 239-243.

[32] 曾安, 李迪, 潘丹, 等. 基于MSPC方法的GMAW在线监测 [J]. 焊接学报, 2003, 24 (1): 5-8.

[33] 俞建荣, 蒋力培, 史耀武. CO_2 弧焊熔滴过渡过程的特征及其定量评价 [J]. 机械工程学报, 2002, 38 (2): 137-140.

[34] 张晓囡, 李俊岳, 黄石生, 等. 基于小波分析的 CO_2 弧焊电源工艺动特性的评定 [J]. 机械工程学报, 2002, 38 (1): 112-116.

[35] 薛家祥, 张晓囡, 黄石生. 弧焊过程电信号小波软阈值消噪 [J]. 焊接学报. 2000, 21 (2): 18-21.

[36] 宣兆志, 李国辉, 路佳, 等. 小波分析在 CO_2 弧焊控制中的应用 [J]. 吉

林大学学报（工学版），2006，36（4）：480-483.
[37] 薛家祥，易志平. 弧焊过程电信号的小波包分析［J］. 机械工程学报，2003，39（4）：128-130.
[38] 周漪清，薛家祥，何宽芳. 埋弧焊方波电弧信号的指数衰减型阈值消噪［J］. 焊接学报，2011，32（6）：5-8.
[39] 周漪清，王振民，薛家祥. 电弧故障信号的小波检测与分析［J］. 电焊机，2012，42（1）：47-49.
[40] 罗怡. 应用联合时频分析研究 CO_2 焊接过程中的电信号［J］. 焊接学报，2008，28（2）：75-78.
[41] 罗怡，伍光凤，李春天. Choi-Williams 时频分布在 CO_2 焊接电信号检测中的应用［J］. 焊接学报，2008，29（2）：101-103，107.
[42] He Kuanfang，Zhang Zhuojie，Xiao Siwen，Li Xuejun. Feature extraction of AC square wave SAW arc characteristics using improved Hilbert - Huang transformation and energy entropy［J］. Measurement，2013，46（4）：1385-1392.
[43] 何宽芳，肖思文，伍济钢. 小波消噪与 LMD 的埋弧焊交流方波电弧信息提取［J］. 中国机械工程，2013，16（24）：2141-2145.
[44] He Kuanfang，Wu Jigang，Wang Guangbin. Time-Frequency Entropy Analysis of Alternating Current Square Wave Current Signal in Submerged Arc Welding［J］. Journal Of Computers，2011，6（10）：2092-2097.
[45] Li Xuejun，Li Qi，He Kuanfang，et al. Arc Stability Analysis of Square Wave Alternating Based on Wavelet Energy Entropy［J］. Journal of Convergence Information Technology，2012，7（22）：710-718.
[46] 何宽芳，黄石生，李学军. 双电弧共熔池埋弧焊数字化协同控制系统［J］. 中国机械工程，2011，22（2）：235-238，239.
[47] 朱志明，吴文楷，罗晓峰. 智能型多功能弧焊逆变电源及其编程控制［J］. 焊接技术，1999，增刊，12：15-21.
[48] Zhang J H ，Wang H F. A Novel Welding Inverter Power Source System with Constant Current Output Characteristic Based on Fuzzy Logic Control［J］. Proceedings of the Fifth International Conference on Digital Object Identifier，18-20 Aug. 2001，1：567-570.

[49] Cook G E, Barnett R J, Andersen K, et al. Weld Modeling and Control Using Artificial Neural Networks [J]. IEEE Transactions on Industry Applications, 1995, 31 (6): 1484-1491.

[50] 黄石生，覃敬腾，宋永伦. TIG 焊熔宽的自整定 PID 闭环控制系统的研究 [J]. 电焊机，1993，5：6-11.

[51] 蒙永民. GMAW-P 焊熔滴过渡模糊控制的研究 [D]. 广州：华南理工大学，2001.

[52] 李鹤岐，马跃洲，苏玉鑫. 埋弧自动焊接的模糊控制研究 [J]. 电焊机，1999，29 (1)：9-15.

[53] 何宽芳，黄石生. Fuzzy logic control strategy for submerged arc automatic Welding of digital controlling [J]. China welding, 2008, 3: 55-58.

[54] Kim I S, Jeong Y J, Son I J, et al. Sensitivity analysis for process parameters influencing weld quality in robotic GMW welding process [J]. Journal of Materials Processing technology, 2003, 140: 676-681.

[55] 李迪. 用人工神经网络技术对焊缝质量的智能控制 [D]. 广州：华南理工大学，1993，35-58.

[56] 赵冬斌. 基于三维视觉传感填丝脉冲 GTAW 熔池形状动态智能控制研究 [D]. 哈尔滨：哈尔滨工业大学，2000，113-115.

[57] ShowH F, et a1. The potential of neual network in welding [C]. 5th Int Conf. Computer Technology in welding, Paris. Franec: June 1994, Paper52.

[58] Irving B. Neual network are paying off on the production line [J]. Welding journal, 1997, 59-64.

[59] Tarng Y S, Yang W H, Juang S C. The use of fuzzy logic in the taguchi method for the optimization of the submerged arc welding process [J]. International Journel of Advnced Manufacturing Technology, 2000, 16: 688-694.

[60] Murugana N, Gunaraj V. Prediction and control of weld bead geometry and shape relationships in submerged arc welding of pipes [J]. Journal of Materials Processing Technology, 2005, 168: 478-487.

[61] 张广军. 视觉传感的变间隙填丝脉冲 GTAW 对接焊缝成形智能控制 [D]. 哈尔滨：哈尔滨工业大学，2002，89-96.

[62] 彭金宁，陈丙森，朱平. 焊接工艺参数的神经网络智能设计 [J]. 焊接学报，1998，119 (1)：19-24.

[63] Huang S, Li D, Song Y. Weld quality control by neual network [C]. proc. Of the Int. Conf IIW. Beijing, Sept. 1994, 349-353.

[64] 赵鹏军. 优化问题的几种智能算法 [D]. 西安：西安电子科技大学，2009.

[65] 张炳范. 焊接最优化基础 [M]. 天津大学出版社，1990.

[66] He Kuanfang, Dongming Xiao. A novel hybrid intelligent optimization model for twin wire tandem co-pool high-speed submerged arc welding of steel plate [J]. Journal of Advanced Mechanical Design, Systems, and Manufacturing, 2015, 19 (2): 1-15.

[67] Florin-Iuliu Trifa, Ghislain Montavon, Christian Coddet. Model-Based Expert System for Design and Simulation of APS Coatings [J]. Journal of Thermal Spray Technology, 2007, 16 (1): 128-139.

[68] Peng Jinning, Chen Bingsen. Development of an arc Welding Procedure Expert System Shell [J]. Welding in the World. 1994, 34 (9): 365-372.

[69] Chen Bingsen and Peng Dinning. Expert System and Their Development [J]. Welding in the World. 1994, 34 (9): 247-253.

[70] 彭金宁. 通用型弧焊工艺专家系统 [J]. 焊接，1995 (11)：2-5.

[71] Cary H B. Summary of computer programs for welding engineering [J]. Welding journal, 1991, 40-45.

[72] Marle-Salome Lagrange, Monique Renaud. Intelligent Knowledge-based Systems in Archaeology: A Computerized Simulation of Reasoning by Means of An Expert System [J]. Computers and the Humanities, 1985, 19: 37-50.

[73] Pokhodnya I K. Welding materials: Current state and development tendencies [J]. Welding International, 2003, 17 (11): 905-917.

[74] 魏艳红，于振平，李立新. 焊接工程数据库及专家系统在国防工程中的应用 [J]. 焊接，1999，(6)：23-25.

[75] Yang Kaiying, Chen Shuzhen, Zhang Minyou. An Approach of Developing Expert System in Support of Database Management System [J]. Wuhan University Journal of Natural Sciences, 1997, 2 (4): 453-456.

[76] 赵熹华，王宸煜. 专家系统在焊接中的应用及发展趋势 [J]. 焊接，1998（8）：2-6.

[77] 彭金宁，陈丙森. 焊接专家系统在我国的发展 [J]. 焊接，1993（11）：2-6.

[78] 何宽芳，黄石生，孙德一，等. 面向埋弧焊专家系统 [J]. 华南理工大学学报：自然科学版，2008，36（10）：135-139.

第 2 章 逆变式双丝埋弧焊工艺及装备

随着制造业的高速发展，为满足生产对埋弧焊的高效化要求，埋弧焊朝着双丝和多丝的方向发展，20 世纪 50 年代以来，就出现了多种双（多）丝埋弧焊焊接方法[1-12]，主要有单电源串列双丝埋弧焊、单电源并列双丝埋弧焊、双电源串列双丝埋弧焊和多电源串列多丝埋弧焊系统。其中双电源串列双丝埋弧焊通常采用“直流/直流”“直流/交流”和“交流/交流”几种方式，前者电弧采用大电流、低电压保证良好的熔深，跟踪电弧采用小电流、大电压以得到光洁的焊缝表面，这种焊接工艺具有熔深大，熔敷率较高，焊缝金属稀释率接近单电弧埋弧焊，焊接速度是单电弧埋弧焊的 2 ~ 4 倍等特点，因而大大提高了焊接速度、保证了焊接质量。双电弧埋弧焊技术在国内外造船厂、高压容器厂和制管厂等得到了广泛的应用[13-18]。

2.1 双丝埋弧焊形式

2.1.1 双电源双丝串列埋弧焊应用特点[19,20]

双电源双丝串列埋弧焊中每一根焊丝由一个电源独立供电，根据两根焊丝间距的不同，其方法有共熔池法和分离电弧法两种，前者特别适合焊丝掺合金堆焊或焊接合金钢；后者能起前弧预热、后弧填丝及后热作用，以达到堆焊或焊接合金钢不出现裂纹和改善接头性能的目的。在双丝埋弧焊中，每根焊丝的供电方式都有以下几种选择：一根是直流，一根是交流；两根都是直流；两根都是交流。若在直流中两根焊丝都接正极，则得到最大的熔深，也就能获得最大的焊接速度。然而，由于电弧间的电磁干扰和电弧偏吹的缘故，这种布置还存在某些缺点。因此，最常采用的布置：或是一根导前的焊丝（反极性）和跟踪的交流焊丝，或是两根交流焊丝。直流/交流系统利用前导的直流电弧较大的熔深，来提供较高的焊接速度，通常在略低电流下正常工作的交流电弧，将改善该焊缝的外形和表面光洁程度。虽然交流电弧对与工件相联系的电弧偏吹敏感性较低，但围绕两种或更多交流电弧的区域，能引起取决于电弧之间的相位差的电弧偏转。

双电源的双丝埋弧高速焊设备是多电弧高速弧焊设备的一种结构形式。其设备的主要组成有双焊炬-双弧焊电源-双送丝机及其送丝驱动控制-焊车（行走机构）及其焊接速度驱动控制等。双电源双丝埋弧焊系统结构如图 2-1 所示。可见除送丝系统同时送给两根焊丝以外，其他均同普通单丝埋弧焊。两根焊丝是经各自导电嘴导入电流的，焊接过程中，焊接电流、电压应在彼此间独立由控制器预置参数。这种双丝埋弧焊过程具有以下特点：

1）双电源双丝埋弧焊采用 $2\times\phi3\sim2\times\phi5$ 直径焊丝，所需电流和电流密度都很大，焊接过程热传输大，焊接速度高（速度是单丝埋弧焊的 2~3 倍），工作效率高。

2）双丝间距足够小时，双丝电弧实际上形成一个熔池，其形状将受到双丝排列方式及丝间距的控制，当双丝沿焊接方向串列时，熔池将沿焊接线呈细长椭圆，从而有利于形成窄而深的焊缝；当双丝并列时，熔池深度降低而宽度增大，显然这将特别适合于堆焊的要求；如果把双丝作不同角度斜列，则熔池形状将介于上述两者之间。加上焊丝间距及焊接电流、电压、焊接速度和焊缝坡口尺寸的调整，使其焊缝横截面形状、熔深和熔宽、稀释率有相当宽的调整余地，可以满

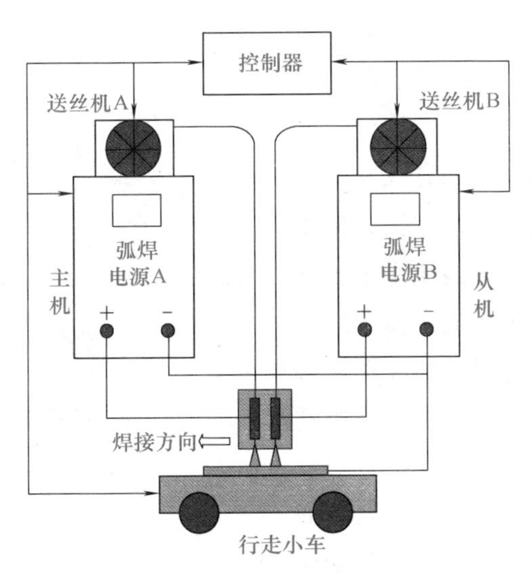

图2-1 双电源双丝埋弧焊系统结构

足薄板和厚板、对接和角接及表面堆焊的多种应用要求。

3）工艺适应性灵活，根据不同的要求，两个电源可以采用不同接法的优化组合（直/交、交/交等）。

4）焊接速度提高在有些应用场合往往意味着焊缝热输入的降低，这对有些要求限制热输入以控制焊缝金属性能或焊接变形的应用场合特别有价值。

2.1.2 单电源双丝应用特点[21]

单电源的双丝埋弧高速焊设备是多电弧高速弧焊设备最简单的一种结构形式。其设备的主要组成：单弧焊电源-单送丝机及其单送丝驱动控制-焊车（行走机构）及其焊接速度驱动控制等。单电源双丝埋弧焊系统结构如图2-2所示。

可见除送丝系统同时送给两根焊丝以外，其他均同普通单丝埋弧焊。两根焊丝是经同一个导电嘴导入电流的，理想条件下电流应在彼此间平均分流，而电压则应相同。这种双丝埋弧焊过程具有以下特点：

1）双丝间距足够小时，双丝电弧实际上形成一个熔池，其形状将受到双丝排列方式及丝间距的控制，当双丝沿焊接方向串列时，熔池将沿焊接线呈细长椭圆，从而有利于形成窄而深的焊缝；当双丝并列时，熔池深度降低而宽度增大，显然这将特别适合于堆焊的要求；如果把双丝作不同角度斜列，则熔池形状将介于上述两者之间。加上焊丝间距及焊接电流、电压、焊接速度和焊缝坡口尺寸的调整，使其焊缝横截面形状、熔深和熔宽、稀释率有相当宽的调整余地，可以满足薄板和厚板、对接和角接及表面堆焊的多种应用要求。

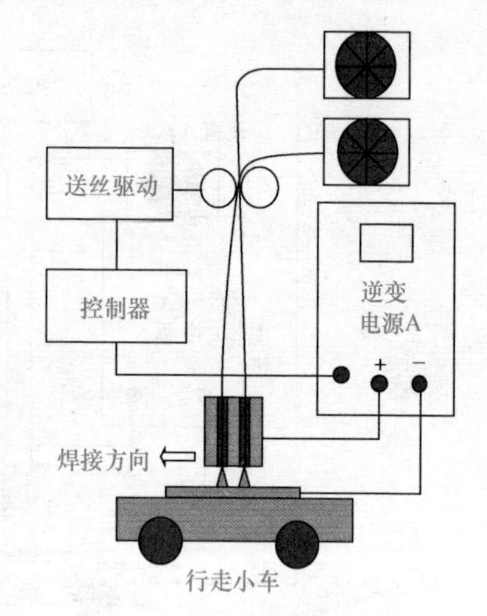

图 2-2 单电源双丝埋弧焊系统结构

2）单电源双丝埋弧焊采用 $2\times\phi1.2$mm ~ $2\times\phi3$mm 直径焊丝，电流和电流密度都很大，不仅焊丝熔敷速率高，而且焊接速度也可大大提高。

3）焊接速度提高在有些应用场合往往意味着焊缝热输入的降低，这对有些要求限制热输入以控制焊缝金属性能或焊接变形的应用场合特别有价值。

2.2 双丝埋弧焊工艺特点

双丝埋弧焊技术由于具有热传输大、熔敷速度较高、焊缝金属稀释率接近单丝焊接等特点，因而可提高焊接速度和保证焊接质量[4-6]。多电弧焊接技术已经成为焊接领域研究的热点，国内外学者对双电弧高速焊接做了许多研究工作。多电弧焊接方法的研究最早起源于双电弧埋弧焊，是由美国的 Harter Etai 于 1944 年提出利用两台交流弧焊电源来实现双丝焊焊接，1952 年人们才开始注意双电弧焊接过程中两电弧存在相互干扰的问题，对电弧间的相互作用进行了研究，并先后提出了控制磁偏吹的方法。随后，多电弧埋弧焊接技术的研究主要集中在如何增大电源输出功率、提高效率，但实际生产过程中用得最多的仍然是双丝或三丝焊接系统[7,10,14,15]。

双丝埋弧焊装备技术，不仅可以大幅度增加对母材总的热输入，而且具有高的热效应和高的熔敷率，在提高焊接速度的同时对母材的加热时间短，变形小，焊接质量更好等突出的优点。多电弧高速焊接方法，特别是在多电弧共熔池条件下，由于双根焊丝的电弧在同一个熔池上燃烧，不仅提高了总的焊接电流输入，克服了热量分布集中的缺点，能向熔池及其两侧面提供充足的热量和熔化金属[1,2]。而且两个电弧之间又有相互热作用，降低后面焊丝的电能输入约 20% ~ 30%，增加电弧的挺度，在进行高速焊接时能有效避免咬边和驼峰焊道等缺陷，在得到优质美观的焊缝质量的同时，焊接速度和生产效率也得到极大的提高，通常双丝或三丝电弧高速焊的速度和热熔敷率是单丝焊的 2 ~ 3 倍[3]。

为了提高焊接生产效率和焊接质量，国内外学者对单丝高速焊做了许多的基础研究工作，传统的单电弧焊很难采用加大电流的方式形成良好的连续焊道，过高的焊接速度会造成驼峰、咬边等缺陷。因此传统的单电弧焊很难实现高效、高质量的焊接。要实现稳定、高质量、高效率的焊接，需要合理配置电弧的瞬态功率，保证电弧瞬态功率的稳定以及焊接电源良好的动态特性，使焊接电源具有稳、准、快的特性，这样才能使焊缝的热输入保持均匀、稳定。

西南交通大学采用直径 2mm 细丝进行埋弧焊，表 2-1 为单丝埋弧焊和双丝埋弧焊的焊接参数，可以看出，用相近输入功率的双丝埋弧焊比单丝埋弧焊可提高生产效率 1.52 倍。另外，双丝埋弧焊过程焊接材料的损失率比单丝埋弧焊小。试验研究证明双丝埋弧焊的确是一种高效节材的焊接新方法。从表 2-1 还可看出，两种焊接方法所消耗的电能相差不是太大，但熔化和熔敷的金属量的确有很大的不同。如用 1000g 熔敷金属所消耗的电量比较见表 2-2。

表 2-1 单、双丝埋弧焊焊接方法的焊接参数及熔化特性比较

焊接方法	一次电流/A	一次电压/V	焊接电流/A	焊接电源/V	焊接速度/(m/h)	熔化系数/(g/A·h)	熔敷系数/(g/A·h)
单丝埋弧焊	395	22	300	38	12.24	12.80	11.60
双丝埋弧焊	395	17	300	32	17.24	17.63	17.60

表 2-2 1000g 熔敷金属所消耗的电量

焊接方法	输入功率/W	输出功率/W	电源效率(%)	电能消耗/(kW·h)	熔敷率/(kg/h)	熔敷用电/(kW·h/kg)	用电占比(%)
单丝埋弧焊	15051	11400	86	14.4	3.48	4.13	92
双丝埋弧焊	11630	9600	83	9.6	5.28	1.82	55

由表 2-2 可以看出：双丝埋弧焊比单丝埋弧焊可省电 8%，因此双丝埋弧焊是一种不改变电源而又能大幅度节能的新方法。双丝埋弧焊的熔敷率较高，耗电量较少，损失率较小。因为焊接成本主要取决于焊接工时、材料消耗和耗电消费，因而将大大降低焊接成本，获得很大的经济效益。同时由于焊接温度场热循环的改变，会使焊缝成形质量有很大的提高。

双丝焊接技术是多电弧焊接技术的基础。双电弧埋弧焊场合，由于焊丝之间的距离较小，在对两根焊丝通以成百上千安的电流，不可避免地出现磁偏吹现象，当两根焊丝的极性相同时，两根焊丝之间的磁场相减，电弧由于中间部分的磁场较弱而向中间偏移，如图 2-3a 所示；当两根焊丝很近且极性相反时，两个磁场相叠加，焊丝间的强

磁场使电弧向两边偏移，如图2-3b所示；一般情况下，双电弧焊使用一个直流电源和一个交流电源，如图2-3c所示，交流电产生快速交变的磁场，在母材中引起涡流损失，导致磁场强度减小，加之电弧有一定的惯性，因此产生的磁偏吹很小；对直流电产生的磁场影响也很小，引起的磁偏吹较小。但双电弧焊接过程中电弧之间的电磁干扰问题使得焊接电弧很不稳定，熔滴过渡容易产生飞溅。这种焊接技术对焊接电流的控制提出了较高的要求，早年由于当时的焊接电源技术相对落后，从而限制了双电弧焊接技术的应用。近年来，弧焊电源技术的飞跃发展为双丝埋弧焊研究（电弧间的相互作用、能量控制及焊缝成形机理的研究）提供了坚实的理论和物质基础。

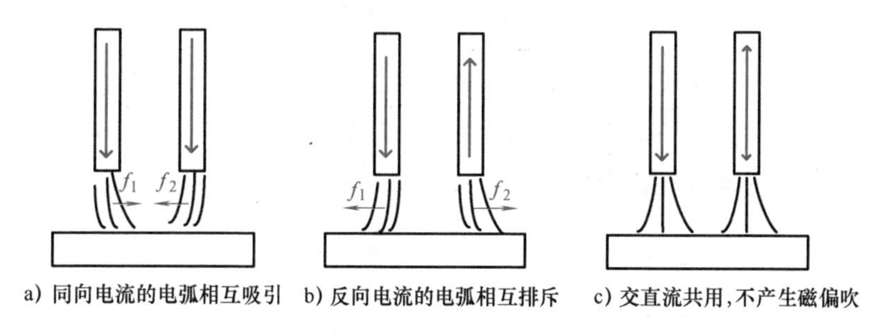

a) 同向电流的电弧相互吸引　b) 反向电流的电弧相互排斥　c) 交直流共用，不产生磁偏吹

图2-3 双电弧平行电流间的磁偏吹

2.3 双丝埋弧焊装备组成

埋弧焊设备有全自动和半自动两种。由于半自动埋弧焊机焊枪笨重、操作不便、劳动强度大，已逐步被MIG/MAG半自动焊所取代。自动埋弧焊机则得到较为广泛的应用。一台完整的埋弧焊机主要由焊接机头移动机构、送丝机构、焊丝校正压紧机构、焊接电源和控制系统五大部分组成，如图2-4所示，焊机机头还包括焊丝盘支架、焊剂漏斗、焊枪及调节机构。

为了加大焊缝熔深、提高效率，多电弧埋弧自动焊在工业中应用

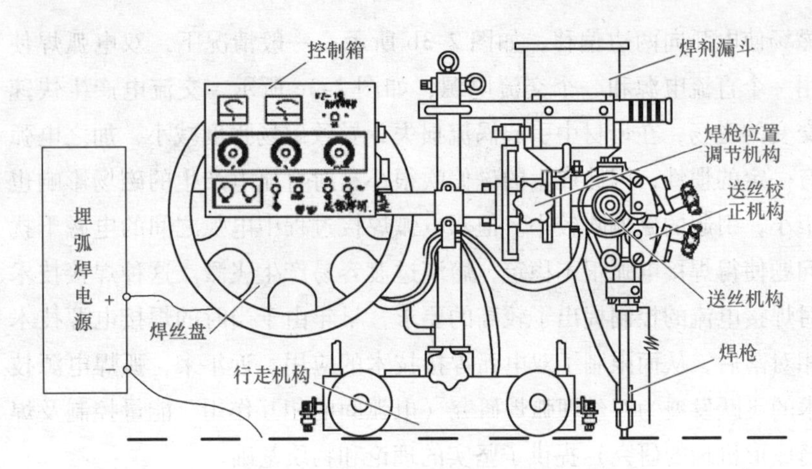

图 2-4　埋弧自动焊机示意图

越来越多，目前应用最多的是双电弧和三电弧埋弧焊装备技术。多电弧埋弧自动焊装备的电源可采用直流或交流，也可交流、直流联用，电源的选用与连接有多种组合方式，图 2-5 示出两台和三台电源的几种组合的例子[22]。

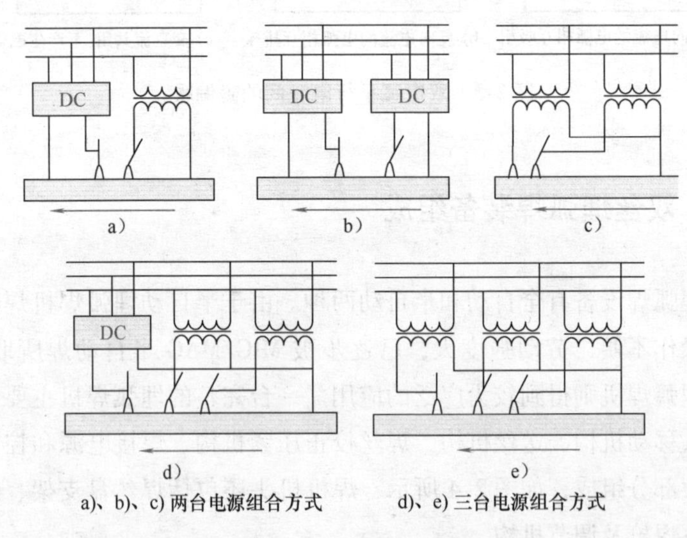

a)、b)、c) 两台电源组合方式　　d)、e) 三台电源组合方式

图 2-5　多电弧埋弧焊机两台和三台电源的组合方式

双丝埋弧焊设备与单电弧埋弧焊设备组成一样，只不过是两套送丝机构、焊丝校正压紧机构、焊接电源和控制系统安装在一个行走机构上。行走机构主要有焊车型和龙门架两种，图 2-6 所示为单电源双丝埋弧焊装备结构简图，图 2-7 所示为双电源双丝串列埋弧焊装备结构简图。

图 2-6　单电源双丝埋弧焊装备结构简图

图 2-7　双电源双丝串列埋弧焊装备结构简图

2.3.1　弧焊电源

焊接技术的发展是与近代工业和科学技术的发展紧密相连的。弧焊电源作为弧焊技术发展水平的主要标志，它的发展与弧焊技术的发展也是互相促进、密切相关的[23,24]。

按电流类型分，用于埋弧自动焊的电源有直流和交流两种。直流弧焊逆变电源，电弧稳定，控制精度高，能达到较好的焊接效果，但是直流电弧存在一个难以克服的问题即磁偏吹现象，严重的磁偏吹会导致不能正常焊接。克服磁偏吹的最好方法是采用交流电弧焊接，因为交流电弧的磁偏吹现象比直流小得多。普通交流焊由于结构上的原因在性能上难以达到高要求的焊接，交流正弦波过零时间长是造成电弧不稳定的主要原因。交流方波逆变弧焊电源可较好地克服上述不足，其原因有以下两个方面：①交流方波电流属于交流，基本上不产生磁偏吹；②交流方波电流过零时间极短，不会产生电弧不稳定的情况，交流方波电弧稳定性不比直流电弧稳定性差[25-30]。

目前，在埋弧焊领域，由于其工艺所需要的大电流、大功率的埋弧焊交流方波电源主要以晶闸管电抗器式交流方波弧焊电源为主，其电源工作相对可靠，技术上也比较成熟，但设备体积庞大、笨重、能耗高、效率低，过零点的速度不理想直接影响着交流电弧的稳定性，且由于其结构原因，动静态特性方面也不够理想。大容量 IGBT 的出现改善了这种状况，采用 IGBT 逆变技术是解决这些问题的最好办法[31]。IGBT 比晶闸管具有开关速度快，控制电流能力强，导通损耗低，所需驱动功率小等综合优点，因此特别适用于交流方波弧焊电源的大电流逆变电路中，并具有如下特点[32]：

1）采用 IGBT 作为交流方波弧焊电源的逆变元件，可提高弧焊电源输出电流在极性转变时的速度，对改善交流电弧的稳定燃烧非常有利。

2）采用 IGBT 模块技术实现交流方波电流输出，容易通过数字化控制技术提高控制电气性能和控制精度，实现数字化、智能控制。

3）IGBT 开关管饱和压降比较低，有利于减少管子功率损耗。

但是，目前国内市场上出现的单管或者模块 IGBT 的容量限定在一定范围内，其耐压 1200V，且最大容量为 600A，此外，鉴于国内当前磁性材料生产能力所限，单只高频变压器只能实现 25 ~ 30kW 的功率输出，限制了单个 IGBT 逆变器在大功率焊接场合的应用。目前市场上出现的 1000A 级埋弧焊逆变电源，是通过两个二次逆变器并联的逆变式直流/交流方波埋弧焊电源，实现 1000A 级以上的交流方波大电流输出。本章后面小节将详细介绍其原理和技术。

2.3.2　送丝与行走机构

在埋弧焊机中，通常将送丝方式分为两种：等速送丝与变速送丝。等速是指焊接过程中焊丝以恒定的速度输送，电弧以自身调节作用工作；变速送丝是指焊丝速度不断地根据电弧长度的变化而调整，达到电弧的稳定。目前变速送丝主要采用弧压反馈闭环控制系统，但也有采用焊接电流负反馈闭环控制的。

埋弧焊时，送丝系统控制着焊丝的送给，在等速送丝系统中，要求送丝速度恒定，尤其是在负载变化时，其次要求有足够的调速范围，以适应不同焊接参数要求，在变速送丝系统中，焊丝的输送应具有一定的响应速度，这就要求系统必须能够稳定工作，同时具有较大的放大倍数，使系统能工作在最佳状态。

埋弧焊引弧也是个比较重要的问题。埋弧焊引弧需要焊丝与焊件接触后，通过端部熔化或者上抽引燃电弧。对于配用平特性或者短路电流较大的电源来说，因其短路电流大，故引弧时只需将焊丝慢速下送，使焊丝端部“刮擦”到焊件，接触后引起较大的短路电流而产生电弧。而对于短路电流不太大的下降特性电源，必须要在接触后再反抽才能引弧。因此，在引弧过程中必须有一“反抽”动作。弧压反馈式变速送丝一般可依靠弧压反馈过程自动进行，而等速送丝则必须由操作工手控实现。典型的通用型埋弧焊机中最为常见的焊车式埋弧焊机的行走和送丝机构如图 2-8 所示，送丝机构和行走机构分别由直流或者交流电动机驱动，经常利用晶闸管整流电路调速。图 2-9 是其传动系统。送丝机构的电动机正反转以及转速的调节与控制均通过自动控制系统来实现。

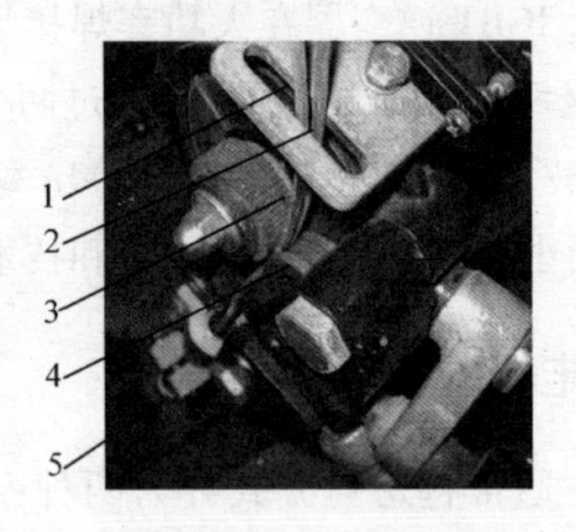

图 2-8 送丝机构

1、2—焊丝 3—送丝驱动轮 4—送丝轮 5—导电嘴

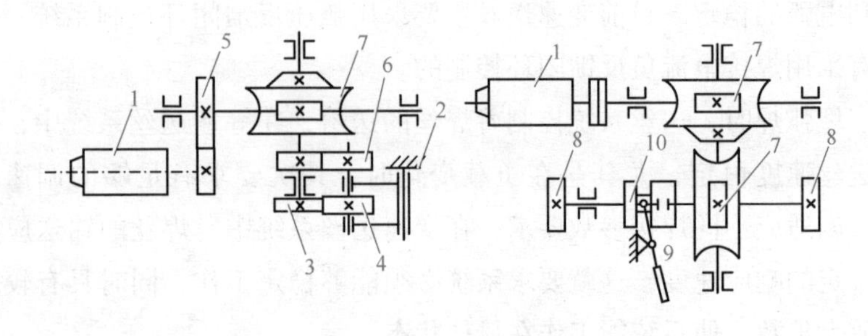

图 2-9 传动系统

1—电动机 2—杠杆 3、4—送丝滚轮 5、6—圆柱滚轮 7—蜗轮蜗杆 8—行走轮 9—手柄 10—离合器

送丝控制电路结构仍然可采用国内埋弧焊机中已经沿用了30 多年的晶闸管驱动控制电路，这种驱动控制电路结构的自动埋弧焊机在国内生产及应用普遍，这足以证明其性能是完全稳定可靠的。从国外进口的大功率埋弧焊自动焊机，特别是许多从美国林肯公司进口的埋弧焊机实际上也都采用了这种驱动控制电路。也有个别进口的埋弧焊机采用了脉宽调制（PWM）开关电路，国内也有少量生产实例，为便于迅速完成适应各种场合的应用试验，可以对原产埋弧自动焊机晶

闸管驱动电路接线方式及预置点重做调整，达到实际双丝埋弧焊的控制要求。

2.3.3　送丝与小车行走调节

采用开关式的送丝调速系统，送丝机驱动为 110V 直流电动机。它具有如下特点：系统快速响应性能好，动态抗干扰能力强；低速性能好，稳速精度高，调速范围宽；通过改变电流方向可使电动机正反转，从而实现正反向送丝；主电路元件工作在开关状态，系统效率高。所设计的开关式送丝调速系统的主电路如图 2-10 所示。其工作原理如下：输入电压 U_i 经整流滤波后为有纹波的直流电压，然后提供给场效应管（型号为 2SK1020），场效应管由 PWM（脉宽调制）控制电路提供的 PWM 驱动信号而处于开关工作，将直流电压转换为脉冲电压，再通过输出电感得到输出电压 U_0，电压 U_0 经由图 2-10 电路中 U_0 处连接到直流电动机上驱动直流电动机转动，通过调节 PWM 驱动信号的输出占空比，就可以调节输出电压的大小。其中 PWM 控制电路通过脉冲宽度调制芯片 SG3525 得到 PWM 信号，该信号经过驱动电路后接到图 2-10 电路 102、101 形成场效应管的驱动信号，并通过 AD_1 处电枢电压负反馈来保持电枢电压的稳定，从而实现转速的自动调节。该送丝系统经实测送丝速度范围为 0～24m/min，送丝平稳可靠，能满足埋弧焊的送丝和抽丝控制要求。

小车行走电动机采用 110V 直流励磁电动机，小车行走方向的控制由直流电动机的正、反转来实现。小车行走电动机的主电路由斩波式开关电路和继电器切换电路组成，其中斩波式开关电路实现电动机电压的控制，继电器切换电路实现对电动机正反转的控制。对于小车行走控制电路，小车的速度可由用户预先设定，由控制程序将其经 D/A 转化后，由斩波式开关电路变为相应的电动机控制给定电压，送到小车行走控制电路，实现小车速度的控制。

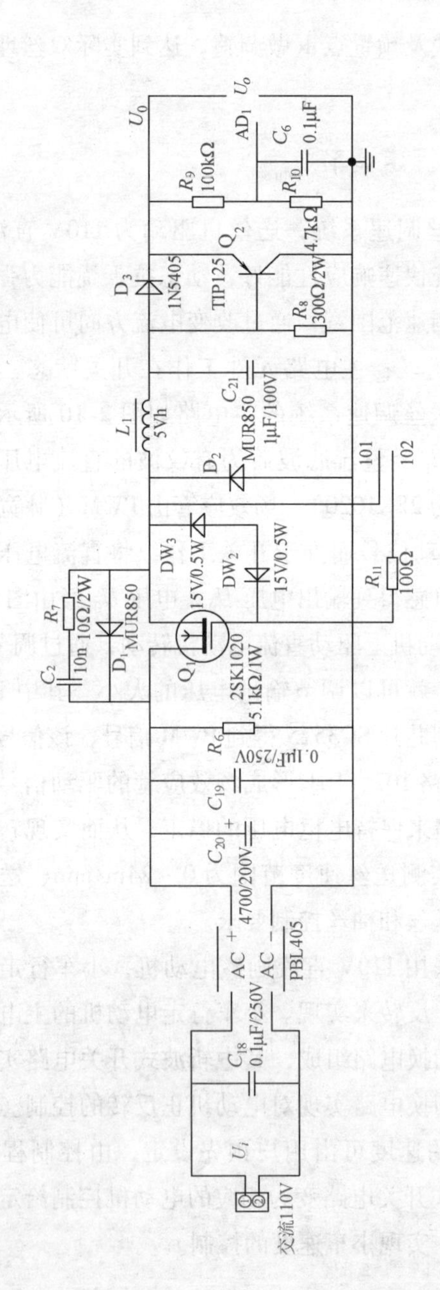

图 2-10　送丝调速电路图

2.4　交直流埋弧焊电源技术

埋弧焊过程焊接效果好坏主要取决于电源输出特性和焊接过程电弧电压的稳定程度。埋弧焊系统由恒流特性的大功率埋弧焊逆变器配以变速送丝电路、行走机构构成主体部件，其中电源恒流特性通过电流闭环控制实现，电弧电压的调节是通过弧压反馈调节送丝速度来完成。

2.4.1　交直流弧焊逆变原理及协同并联原理

图2-11所示为IGBT逆变式直流/交流方波弧焊逆变器的原理框图，它是由IGBT式直流弧焊逆变器和二次逆变全桥电路组成。

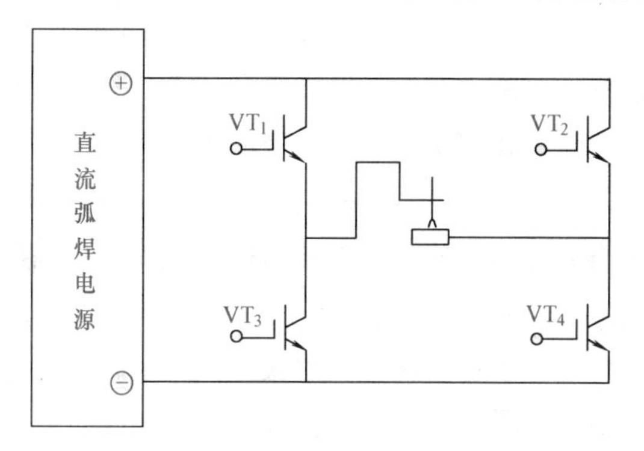

图2-11　IGBT逆变式直流/交流方波弧焊逆变器

该逆变器可以输出埋弧焊所需特性的直流和交流方波电。通过二次逆变全桥电路可以把直流电转换为交流方波电，其原理如下：VT_1、VT_4和VT_2、VT_3两对IGBT组成全桥的四臂，接入对角线的电弧负载，当VT_1、VT_4激励导通VT_2、VT_3关断时，直流弧焊逆变器输出的直流电经VT_1、VT_4向电弧提供正（接）极性电流，当VT_2、VT_3激励导通和VT_1、VT_4关断时，直流弧焊逆变器经VT_2、VT_3向电弧提供反（接）极性电流。控制VT_1，VT_4和VT_2、VT_3两组IGBT轮流导通、导通时间及其相对比例，就可使电弧获得频率可变、极性、电流比例可调的交流方波电，交流方波弧焊逆变器输出的空载电压和焊接电流的调节、外特性（恒流）的获取，均通过调节和控制直流弧焊逆变器而实现。

埋弧焊中，交流电过零点的速度快慢对焊接过程中电弧稳定性的影响极大，若不够快，就需要在过零点时施加高频或高压脉冲，使其电弧稳定。上述交流方波弧焊逆变器采用的快速开关元器件 IGBT，其本身开关速度快，正好满足电流过零点快的要求。

2.4.2 大功率交流方波弧焊逆变器工作原理

运用全桥型逆变技术和先进的大功率电子开关 IGBT 模块，通过 AC-DC-AC-DC 的变换，把工频 50Hz 交流电变换到 20kHz 高频交流电，并经过快速整流成为直流输出，再通过二次逆变 DC-AC 的变换，实现交流方波输出。由于频率的提高，使核心部件又是最重要的部件高频变压器和输出电抗器的重量成反比例大幅减轻、变小，从而使其比传统的工频整流式焊接电源的重量和体积大大减小、材料大大减少，效率提高。通过电流反馈实现恒流特性，并与电弧负反馈及送丝电路构成变速自动控制调节系统，借助行走机构和焊剂保护，实现埋弧焊焊接工艺。

将双全桥逆变器各自限流组成并联拓扑主电路，以提高电流输出能力和解决逆变器并联运行均流安全、可靠的问题。采用在双全桥逆变器控制电路之间增设电流分配电路、集成电路和编程对控制系统进行焊接参数和程序协调控制以及精确调节，为优化焊接参数的匹配和提高焊缝质量创造条件。此外，通过优化主回路的输出电抗器及控制回路的时间常数，改善动特性和双全桥逆变器的动态参数一致性，从而获得优良的引弧、稳弧和焊接工艺性能。设计中，合理配置 IGBT 的 RCD 保护电路参数等措施，不仅使其效率大幅度提高，而且满足大功率逆变器可靠性和安全性的要求。

双全桥型弧焊逆变器的限流并联原理框图（交流方波）如图 2-12 所示，通过两个全桥逆变器并联运行使其输出容量提高到额

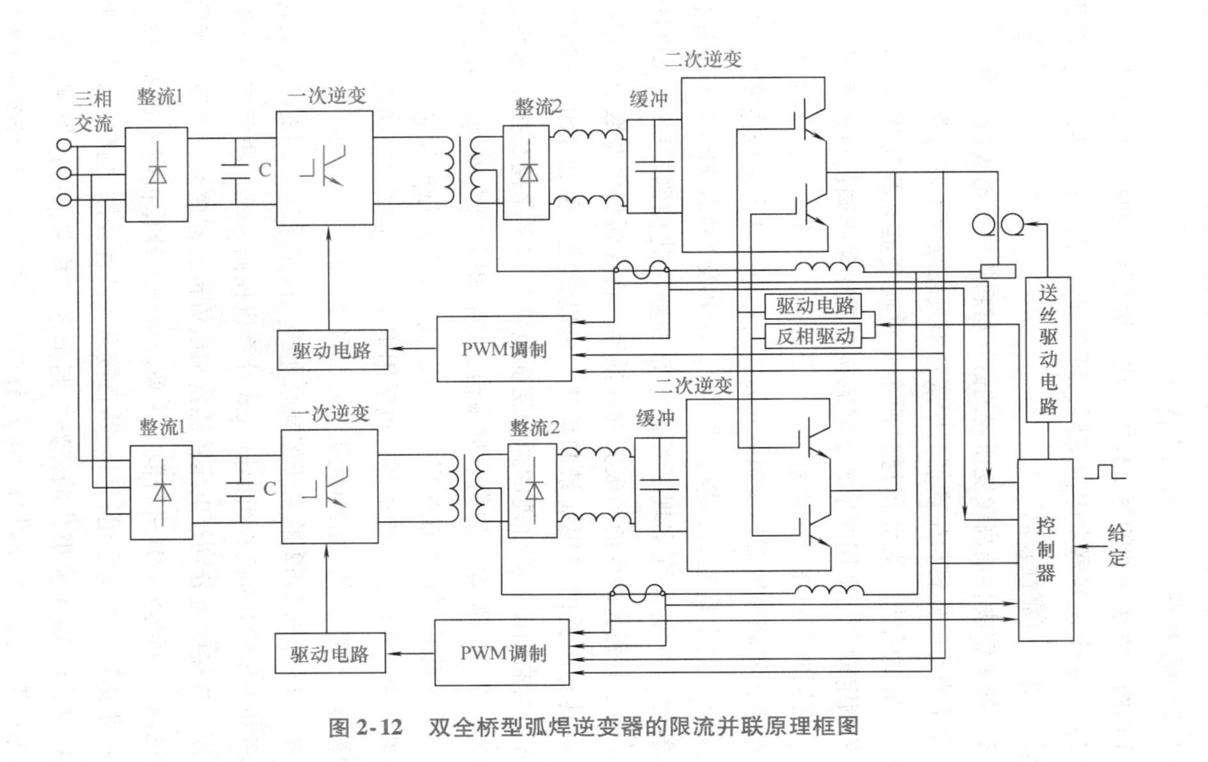

图 2-12　双全桥型弧焊逆变器的限流并联原理框图

定值，并通过各自的电流负反馈限流控制，使两个逆变器的输出电流基本达到均衡状态。它具有如下优点：

1）两个单逆变器的容量较小，均流和均压问题较易解决。

2）当单个逆变器发生故障时，可立即退出运行，其他逆变器仍可继续工作，可靠性较高。

3）便于解决目前高频变压器的磁性材料规格不够大的问题。

鉴于当前磁性材料生产能力所限，单只高频变压器只能实现 25～30kW 的功率输出，为此需通过两个全桥逆变器并联实现 1250A 和 44V 的额定输出，采用两个独立限流逆变器并联协调运行来实现额定输出，可同时在较宽范围内解决两个全桥逆变器输出的均流问题。

数字化控制是埋弧焊电源的发展方向，逆变技术的应用实现了电源主电路的数字化控制，基于单片机、DSP 及 CPLD/FPGA 等新型半导体器件的控制系统实现了控制电路的数字化控制。DSP、CPLD/FPGA 由于其强大的性能与极大的灵活性，将在弧焊电源数字化控制系统中具有广泛的应用前景和优势。可以预见，采用 DSP、CPLD/FPGA 进行高精度、高性能的弧焊逆变电源的数字化控制技术的研究将是当前及今后弧焊电源的发展主流，必将得到很大的推广与应用。此外，数字化控制技术在弧焊电源的运用，使得先进的控制算法在弧焊电源中得以实现，弧焊电源可以采用更先进的控制算法实现电弧特性的智能化控制，其输出电能质量好，可靠性高。

图 2-13 是图 2-12 的系统控制原理图，控制系统采用的是新型高速单片机 80C320 为核心组成嵌入式计算机控制系统，两套主机的电弧电压和焊接电流分别经电压传感器和电流传感器放大、滤波整流后分成两路，一路经 A/D 进行数字化采样后送入计算机嵌入式控制器，作进一步运算和控制之用；另一路直接送入特性控制电路，与计算机嵌入控制器经 D/A 模拟化的二路控制指令一并送入特性控制电路进行模拟运算，其结果经过分配电路分两路一样的输出信号控制 PWM 电路的脉冲宽度，经高频驱动电路放大驱动脉冲后驱动两台主机的

IGBT 全桥逆变回路的通/断时间比率，从而使得两个逆变器输出基本均衡的电流，并获得焊接所需要的电压、电流外特性及动特性。二次逆变回路主要作用是通过轮流导通两组并联的 IGBT 将一次逆变直流电流逆变成一定周期的交流方波电流，具体实现是由 80C320 产生一路 PWM 信号，经分配电路分成两路同步 PWM 信号：一路直接驱动后送入一组并联的 IGBT，另一路经反相驱动后送入另一组并联的 IGBT；这样可通过改变 PWM 信号的周期和占空比实现交流方波电流波形控制输出。控制电路输出的电压、电流、方波频率度等通过键盘给定。预留的 RS 232 接口作为升级及后续开发使用。

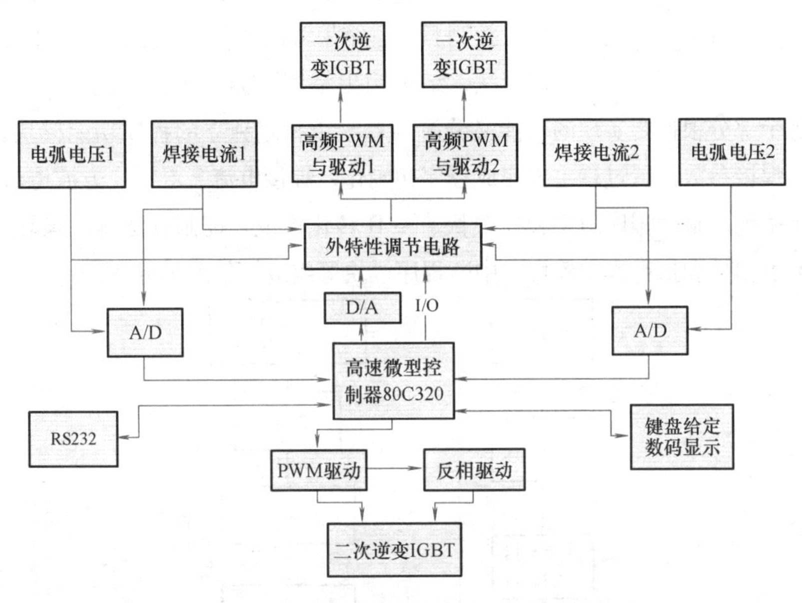

图 2-13　控制系统原理框图

80C320 是 DALLAS 公司生产的新型高速单片机，它具有在相同的晶振频率和代码条件下，其运行速度平均提高 2.5 倍，而且晶振频率取为 24MHz，其运行速度甚至比 16 位单片微机还快等特点，完全可以满足实时快速控制的需要，该控制器安装在电源内部。采样电路采用芯片 MAX118，MAX118 是 MAXIM 公司的 8 位八通道的跟踪保持

A/D 转换器，具有转换速度快、功耗低、转换误差小的优点。MAX118 可直接与单片机数据总线和 I/O 口接口，不需另加接口电路。其主要用来焊接电流、电弧电压采样。

D/A 转化电路采用芯片 AD7528，AD7528 是德州仪器公司生产的双路、8 位数模转换器，具有转换速度快、线性度误差小、功耗低的特点。主要用于电源外特性双环控制中内环控制给定和二次逆变周期参数的调节给定。

一般地，埋弧焊过程控制分为焊前准备、引弧控制、焊接阶段控制、收弧控制四个部分，电源的控制过程主要由焊接参数设置、电源启动，焊接电流、电压采样，控制算法，结果输出几个部分组成。其中焊接电流、电压采样，控制算法，结果输出是实时循环进行，直到结束。每个部分根据要实现的功能又分解为若干个相对独立的程序功能模块，如焊接参数设置过程主要完成程序初始化，焊接电流、电压、方波电流频率等，整个程序由主程序模块、A/D 转化模块、控制算法程序模块、键盘扫描和执行程序模块、中断程序模块等组成，如图 2-14 所示。

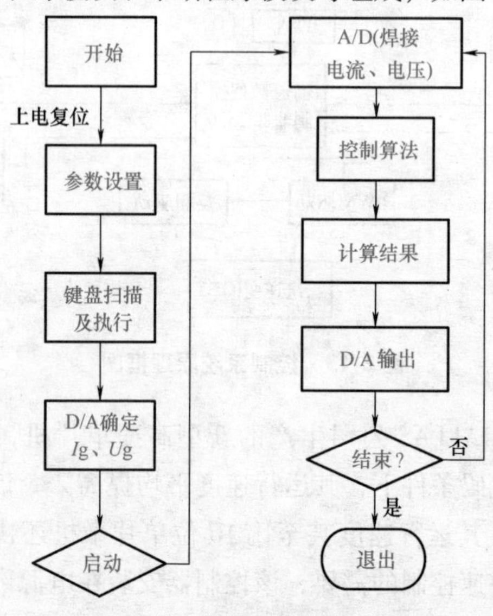

图 2-14 软件系统流程框图

2.4.3　埋弧焊逆变电源特性

埋弧焊逆变器为埋弧焊过程提供电能，其基本原理与普通弧焊逆变器相同，但电气特性和结构方面有一些特殊要求，这是因为埋弧焊逆变器的供电对象不同，必须满足埋弧焊工艺要求：

1）容易起弧。

2）电弧能稳定地燃烧并能保证焊接参数的稳定。

3）有足够宽的焊接参数调节范围。

因此对埋弧焊逆变器提出了如空载电压、外特性、动特性、焊接电流、电压调节范围等要求。

埋弧焊逆变器特性主要包括外特性和动特性两个方面，外特性反映了埋弧焊逆变器在稳态下的输出特性，而动特性则反映了埋弧焊逆变器在干扰情况下的动态响应特性，这两方面将直接影响到埋弧焊逆变器工作质量的好坏，而不同应用场合对埋弧焊逆变器特性又有其特殊要求，因此按照应用需求设计合适的埋弧焊逆变器特性至关重要。

1. 埋弧焊逆变器外特性的选择

外特性是弧焊电源的重要特性之一，根据埋弧焊电源控制电路和送丝控制方式及工艺要求的不同，外特性有陡降、缓降、水平及复合等几种，如图 2-15 所示。

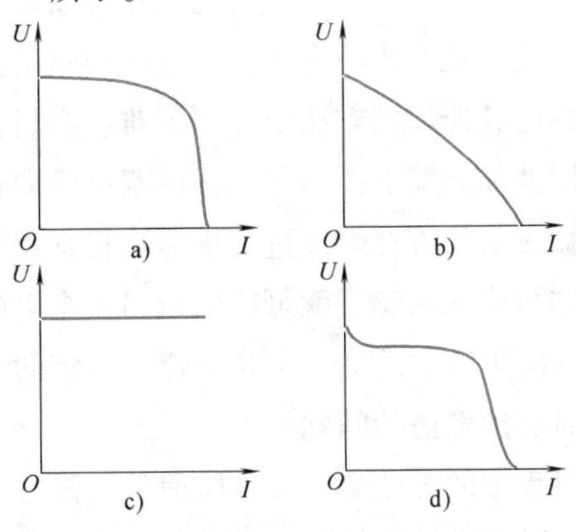

图 2-15　埋弧焊逆变器的各种外特性

在埋弧焊方法中，弧焊电源外特性工作选择不仅要根据其电弧静特性的形状，而且还要考虑送丝的方式来选择合适的形状。根据送丝方式不同，埋弧自动焊可分为等速送丝和变速送丝两种控制系统，考虑到埋弧焊中焊丝电流密度较小，自身调节作用不强，不足以在弧长变化时维持焊接参数稳定，所以也就不宜采用等速送丝控制系统，而应采用变速送丝控制系统。变速送丝控制是利用电弧电压作为反馈量来调节送丝速度：当弧长增长、电弧电压增大时，迫使送丝加快，使弧长得以恢复，这种强制调节作用的强弱，与弧焊电源外特性形状无关。此外，在埋弧焊中，一般当电流增加时熔深随着增大，则要求增大弧压以使熔宽相应增加，从而保持合适的焊缝几何尺寸，当弧压增大时，则要求电源空载电压相应提高，以使电弧稳定。因此宜采用图 2-15a 所示的调节外特性方式，选择较陡的下降外特性，在弧长变化时引起的电流偏差较小，有利于焊接参数的稳定。

2. 埋弧焊逆变器动特性的要求

在双电弧埋弧焊过程中，对电源的动特性提出较高要求，动特性要求在整个焊接过程中都得到体现。

埋弧焊一般采用焊丝回抽和划擦引弧两种方法，焊丝与工件接触，由接触电阻产生的热量，使焊丝端部熔化，产生电弧。由于埋弧焊用的焊丝直径一般大于 3mm，在引弧过程中需要足够大的电流产生电阻热使得焊丝迅速熔化形成稳定电弧，这样引弧电流和电流的上升率大，所以埋弧焊比其他焊接方法引弧要困难些。目前，双电弧埋弧焊一般也是采用回抽和划擦引弧两种方法。双电弧埋弧焊两根焊丝同时分别引弧，引弧成功与否在焊接过程中显得更加重要，因为只要有一个电弧没引燃如短路和粘丝，就可能造成另一个电弧不稳定，最终导致整个引弧过程的失败。总之，引弧电流和电流的上升率是埋弧焊电源动特性设计时必须考虑的问题。

在正常焊接过程中的方波变换极性阶段，交流方波电流的上升时间和下降时间，将随着动特性的变差而变长，这样就会导致方波波形失真（特别是在方波频率较高的情况下），波形变极性阶段能量的不足，直接影响到熔滴的正常过渡，甚至失去波形控制的效果，所以说波形切换阶段要求较快的动态响应。

以上分析说明，在双丝埋弧焊过程的不同阶段对电源的动特性都有不同的要求，因此交流方波逆变电源的动特性要求就比较高，不应是单一的，而应该随着电弧状态的变化而变化，只有这样才能得到最佳的工艺效果和焊缝质量。

3. 埋弧焊逆变电源特性测试与分析

每台埋弧焊电源设计与产品检验都需要进行外特性测试，由于交流方波埋弧焊逆变器是由直流弧焊电源经过二次逆变输出，所以不管是直流还是交流弧焊电源，其外特性测试是针对直流弧焊电源进行的。其测试方法为：将三相交流电输入电压设定为 380V，对逆变电源在电流给定值为一定的情况下，通过弧焊电源测试平台改变大功率模拟负载值，从而获得不同负载端的电压值和电流值。图 2-16 所示为一埋弧焊电源，在给定输出电流分别为 54A、320A、540A、800A 和 1000A 的条件下实际测量的电压值和电流值。

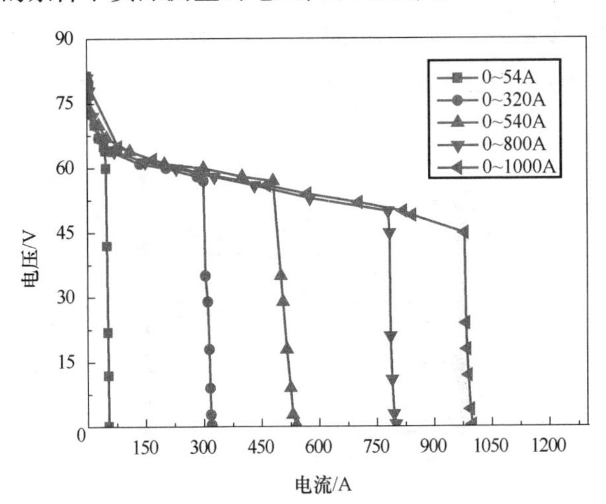

图 2-16　实测的恒流外特性曲线

由图2-16可知，所测试的埋弧焊逆变器的空载电压为80V，可以满足起弧需要；在不同的输出电流下，均具有良好的恒流特性。

4. 埋弧焊逆变器动特性测试

所谓弧焊电源动特性，是指电弧负载状态发生突然变化时，弧焊电源输出电压与电流的响应过程，它说明弧焊电源对负载瞬变的适应能力，是衡量电源性能的重要指标之一[33,34]。目前对动态特性的测试大致有两种方法：一种是潘际銮、Rehfeldt、齐柏金等学者利用电子技术的方法来模拟电弧，制造电弧模拟器，使其电气性能与真的电弧一样，将这种电弧模拟器接入焊接回路，直接测量回路参数，即可获得焊接动态过程的模拟情况；另一种方法是直接测量真实弧焊过程中的电源、电压等动态参数，采用大量记录、统计分析的方法，获取焊接动态过程的规律[35]。

常用的埋弧焊逆变器动态特性按以下两种情况进行测试：一是给定信号突变情况下的电流、电压响应；二是负载突变情况下的电流、电压响应。

图2-17所示为空载-负载时输出电流和电压的响应曲线，图2-18所示为埋弧焊逆变器恒流特性下负载电阻发生突变时的电流、电压响应曲线，负载电阻从0.11Ω突变到0.19Ω，电流在瞬间略有下降后，迅速恢复到原来的设定值。

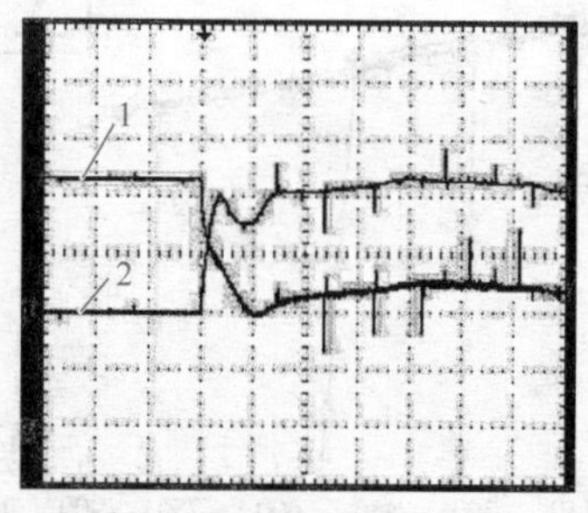

1-I:200A/div, 2-U:20V,T:2.5ms/div

图2-17 空载-负载时的电流、电压响应曲线

注：div表示每一方格。

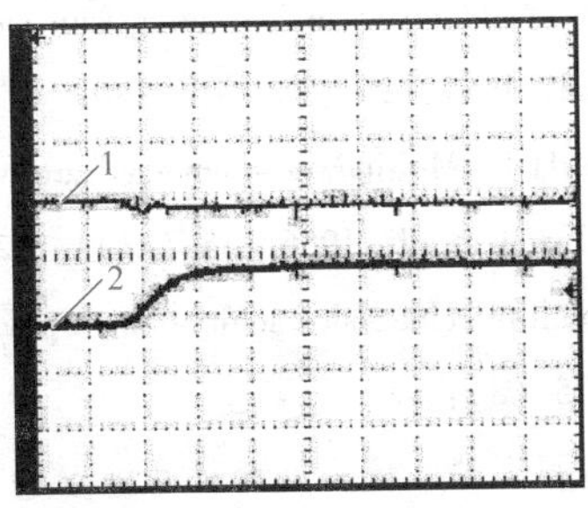

1-I:150A/div, 2-U:16V,T:2.5ms/div

图2-18 负载突变时电流、电压响应曲线

图2-19所示为交流方波埋弧焊电流、电压波形图。从图2-19可以看出该交流方波弧焊逆变器输出的焊接电流及电压波形变极性切换时即过零点速度快，波形稳定。模拟负载情况下的焊接电流、电压波形和实际焊接过程的情况是存在较大差别的，实际焊接过程中电弧负载是在不断变化的。

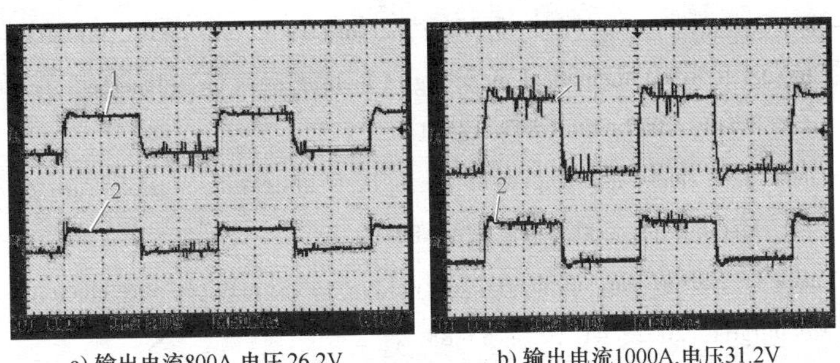

a) 输出电流800A,电压26.2V　　b) 输出电流1000A,电压31.2V

(1-I: 400A /div，2-U: 50V /div，频率：50Hz，占空比：0.5)

图2-19 交流方波埋弧焊电流、电压波形

参考文献

[1] Ashton T. Twin-arc submerged arc welding [J]. Welding Journal, 1954, 33 (4): 350-355.

[2] Lytle A R, Frost E L. Submerged-melt welding with multiple electrodes in series [J]. Welding Journal, 1951, 30 (2): 103-110.

[3] Kubli R A, Shrubsall H I. Multipower submerged arc welding of pressure vessels and pipe [J]. Welding Journal, 1956, 35 (11): 1128-1135.

[4] Tusek J. SAW with multiple electrodes achieves high production rates [J]. Welding Journal, 1996, 75 (8): 41.

[5] Hinkel J E, Forsthoefel F W. High current density submerged arc welding with Twin electodes [J]. Welding Journal, 1976, 55 (3): 175-180.

[6] Skrzypezyk. Submerged-arc welding in a programmed run [J]. Welding International, 1994, 8 (3): 173-175.

[7] Uttrachi G D. Multiple electrode systems for submerged arc welding [J]. Welding Journal, 1978, 57 (5): 15-22.

[8] Garrabrant E C, Zachowski R S. Plasma arc hot wire surfacing-a new high deposition process [J]. Welding Journal, 1969, 48 (5): 385-395.

[9] Magnusson D T, Threlfo R C. Longitudinal welding of line pipe with a three arc submerged arc process [J]. Welding Journal, 1969, 48 (3): 198-203.

[10] Chandel R S. Mathematical modeling of melting rates for submerged arc welding [J]. Weld, 1987, 66 (5): 135-140.

[11] Tusek J. Factors affecting weld shape in welding with a triple-wire electrode [J]. Metalurgija, 2002, 41 (2): 89-92.

[12] Tusek J. Narrow-gap submerged-arc welding with a multiple-wire electrode [J]. Metalurgija, 2002, 41 (2): 83-88.

[13] D Sc, Janez Tusek. Mathematical modeling of melting rate in twin-wire welding [J]. Journal of materials Processing Technology, 2000, 100: 250-256.

[14] Hayashi S, Nakajima M, Yunlaguehi, T. High efficiency submerged arc fillet welding process for heavy section joints [J]. Kauasaki Steel Technical Report, 1996, 33: 7-13.

[15] Chandel R S, Seow H. P, Cheong F. L. Effect of increasing deposition rate on the bead geometry of submerged arc welds [J]. Journal of Materials Processing Technology, 1997, 72: 124-128.

[16] 李富强. 16Mnq 直缝焊管双丝埋弧焊的工艺研究 [J]. 焊管, 2000, 23 (2): 16-19.

[17] 张绍庆. 双丝埋弧焊在螺旋焊管中的应用 [J]. 焊管, 1998, 21 (6): 12-15.

[18] Tusek J. Metal-powder twin-wire submerged-arc welding [J]. Welding&Metal Fabrication, 1998, 66 (7): 21-24.

[19] 赵智江, 王兴媛, 胡清阳. 双丝双弧埋弧焊设备及工艺 [C]. 2011 西部汽车产业·学术论坛暨四川省第十届汽车学术年会论文集, 13-141.

[20] 蔡立民. MZS-1250 型双丝双弧埋弧焊设备及工艺 [J]. 电焊机, 2006, 36 (4): 29-31.

[21] 吴水锋, 黄石生. 单炬双丝埋弧自动焊装备 [J]. 电焊机, 2009, 38 (9): 73-76.

[22] 中国机械工程学会焊接学会. 焊接手册第 1 卷 焊接方法及设备 [M]. 北京: 机械工业出版社, 1992, 64-66.

[23] 黄石生. 弧焊电源 [M]. 北京: 机械工业出版社, 1980.

[24] 刘嘉. 弧焊逆变电源的数字化控制 [D]. 北京: 北京工业大学, 2002.

[25] Tomsic M T, barhorst S. Keyhole plasma arc welding of alum inum with variable polarity power [J]. Welding Journal, 1984, 63 (2): 25-28 .

[26] 殷树言, 黄继强, 陈树君. 方波交流 GTAW 电弧再引燃机理的研究 [J]. 机械工程学报, 2002, 38 (3): 16-18.

[27] 朱志明, 周雪珍, 符策健, 等. 脉冲变极性弧焊逆变电源数字化控制系统 [J]. 焊接学报, 2007, 28 (7): 5-8.

[28] Nunes A C, Bayless E O. Variable polarity plasma arc welding on space shuttle external tank [J]. Welding Journal, 1984, 63 (4): 27-35.

[29] Guichao Hua, et al. An Improved Full-bridge Zero-VotageSwitched PWM Converter Using a Saturable Inductor [J]. IEEE Transactions on power Electronics, 1993, 84, 8 (4): 530-534.

[30] 黄石生. 新型弧焊电源及其智能控制 [M]. 北京: 机械工业出版社, 2000.

[31] 黄石生, 何宽芳, 孙德一, 等. 数字化控制的埋弧自动焊装备研究 [J].

华南理工大学学报：自然科学版，2008，36（8）：69-73.

[32] 何宽芳，黄石生，孙德一，等. 大功率埋弧焊交流方波逆变电源研究［J］. 华南理工大学学报：自然科学版，2008，36（8）：79-82.

[33] 黄石生，李阳，陆沛涛，等. 具有双闭环控制的软开关埋弧焊逆变电源：中国，CN1438760［P］. 2003.

[34] 刘超英，黄石生. 自动埋弧焊接过程的电弧控制方程与热学分析［J］. 焊接学报，2007，17（3）：22-24.

[35] 潘际銮. 现代弧焊控制［M］. 北京：机械工业出版社，2000.

第 3 章

埋弧焊过程数字化监测系统集成

焊接过程数字化监测系统整体结构如图 3-1 所示，硬件传感器获取焊接过程电弧信号，经预处理电路和采集电路转换为数字信号输入计算机，计算机软件完成对采集电弧信号的存储、显示、分析和处理等功能[1-3]。

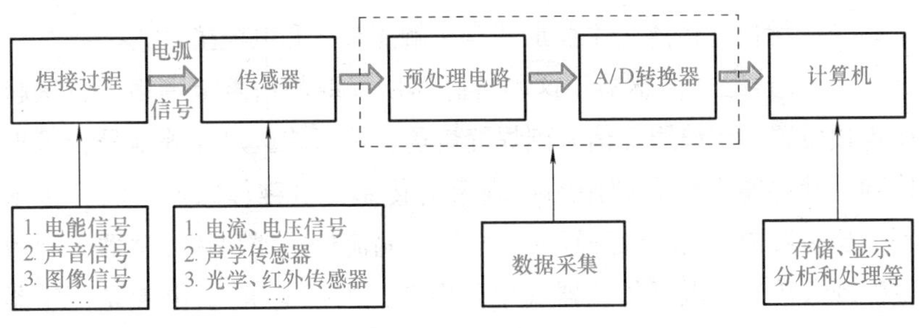

图 3-1　焊接过程数字化监测系统整体结构

3.1　埋弧焊过程数字化监测中的传感元件

3.1.1　焊接过程监测常用传感器

传感器是实现焊接过程数字化监测的重要部件，只有获取实时、稳定、可靠的焊接过程信息，才能使监测过程测试与分析的结果更真实反映焊接过程的实际情况。焊接电弧信号传感器是一种装置，它可观察和监测与焊接质量有关的情况，提供量化的信息，用来实现焊接过程质量监测或为焊接质量的自适应控制提供先验知识。焊接质量的监测实现可以通过传感器观察和监测与焊接行为本身有关的焊接过程电弧所包含的多种信息情况，如电弧燃烧稳定性、弧长、熔滴过渡行为、飞溅情况、焊接变形等。也可以利用传感器观察和监测非焊接行为的情况，即对焊接质量有显著影响的被焊工件的情况，如焊接电流、电压、电弧声音、焊枪与对缝的对中、对缝间隙、坡口形状等。传感装置可以代替人的感官，可以提供比人的感官更精确、更快捷、更稳定、再现性更好的信息，是发展高水平自适应控制焊接质量生产过程必需的前提条件。随着现代传感技术的发展，在焊接质量监测中，有不少传感器已经成功用于生产和正在研究发展中，按照传感器工作原理其主要有以下几种[4-13]：

1）接触式传感器：这种传感器主要用来提取焊接位置（焊缝跟踪）及起始位置信息。主要形式有接触探头式和电极接触式。

2）非接触式传感器：这种传感器所提取的信号范围很广，从起始焊接位置，焊缝跟踪信号到焊缝熔透，热影响区尺寸等信号皆可提取到。其主要类型有利用物理现象的传感：电磁传感器、电容传感器、超声波传感器、红外辐射传感器、涡流传感器和热传感器；利用电弧现象传感：电弧传感器（电弧电流、电弧电压）、电弧光传感器和电弧声传感器；利用光学视觉的传感：激光视觉传感器、图像传感器和工业电视传感器。

由于非接触式传感器具有监测信号种类广泛，灵活性较大，使用方便等优点，这种非接触式传感器将在焊接生产中不断扩大应用范围，成为焊接质量控制传感器的主要形式，是焊接传感器的发展方向。

3.1.2 传感器的选择

传感器是有效获取焊接过程电弧信号、保障后续信息处理、特征提取和过程监控的基础。因此，所选传感器应在合适的测量范围且具有良好的线性度和高精度。埋弧焊电弧在焊剂下燃烧，人们无法通过光学和红外传感的方法对焊接过程中熔池的物理特征进行传感。所以在埋弧焊过程一般采用对焊接过程电弧能量（电流、电压）信号的传感与采集，实现对焊接过程质量的监测与控制。正如前面所讲，由于非接触式传感器在焊接质量监测中具有优势，同时也是焊接传感器的发展方向。目前应用最为普遍的是非接触式电流、电压传感器。这种非接触式电流、电压传感器采用霍尔传感器，其原理如图 3-2 所示。霍尔传感器基于电磁霍尔效应原理制成，传感器电路与原来电路没有电的联系，使传感器的接入对原来电路的影响降到最小，而且霍尔传感器具有较快的动态响应和较高的精度，能真实反映各种瞬变信号。霍尔传感器不但能测量交流信号而且能测量直流信号，不但能测量电流信号还能测量电压信号。

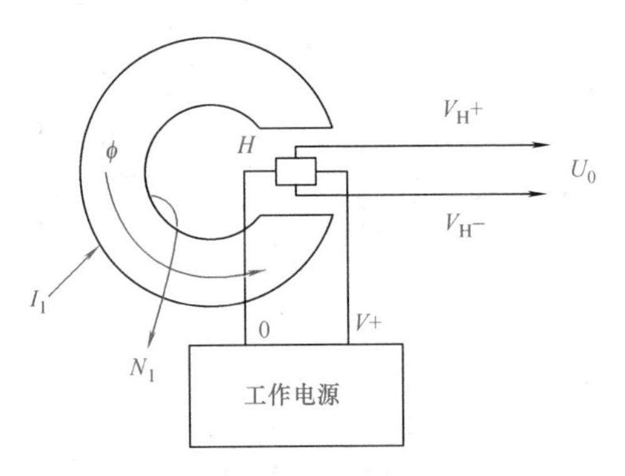

图 3-2　霍尔传感器内部原理图

焊接电流传感器和电弧电压传感器的区别在于它们使用的传感器核心部件不同，焊接电流传感器使用的是电流霍尔效应器件，电弧电压传感器使用的是电压霍尔效应器件。但它们都是基于霍尔效应原理制成的，主要功能是把焊接电流和电弧电压的强电信号转换为供后续预处理、采集电路的弱电信号。

实际应用过程中，用户可以根据厂家提供的电流、电压传感器的性能指标如输入电流和电压的范围、供电电压、精度等参数进行选择。该类传感器接线和操作使用简单，图 3-3 所示为典型的电流传感器接线图，图 3-4 为典型的电压传感器接线图。

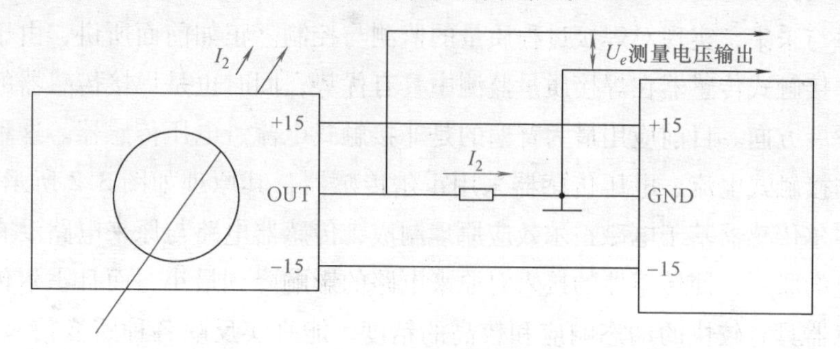

图 3-3　电流传感器接线图

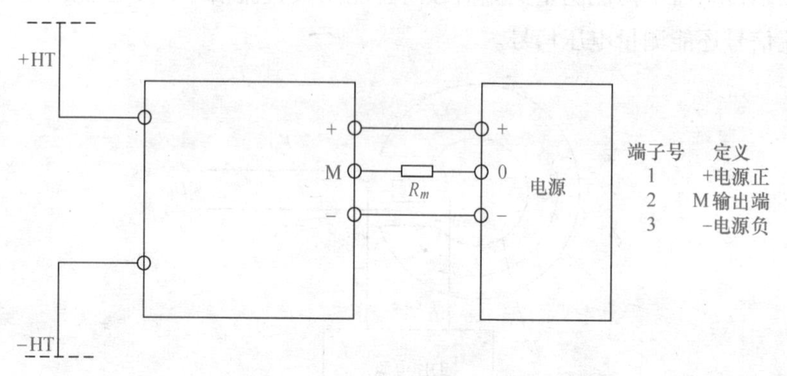

图 3-4　电压传感器接线图

3.2　埋弧焊数字化监测中常用的电路

接口电路部分主要包括模拟量输入、输出和开关量 I/O 输出接口电路。模拟量输入接口的任务是把被控对象的模拟信号（如焊接电流、电压、速度的反馈量）转换成计算机可以接受的数字量信号，通常也把模拟量输入通道简称为 A/D 输入通道；模拟量输出接口的任务是把计算机输出的数字量信号转换成模拟电压或电流信号，以便去驱动相应的执行机构，达到控制的目的，模拟量输出通道一般是由接口电路、数模转换器和电压、电流变换器构成，通常也把模拟量输出通道简称为D/A输出通道。数字量输出接口的任务是把计算机输出的数字信号（或开关信号）传送给开关器件（如继电器或指示灯），控制它们的通、断或亮、灭，简称I/O通道。根据埋弧焊过程监测的功能和任务划分的要求，将接口电路分为：焊接电流给定与监测、焊接电压给定与监测。

3.2.1　焊接电流监测电路

1. 焊接电流给定

由计算机进行焊接电流设定的接口电路如图3-5所示，D/A转换器输出负端与埋弧焊控制板共地，这样可以通过该电路由计算机进行焊接电流给定。

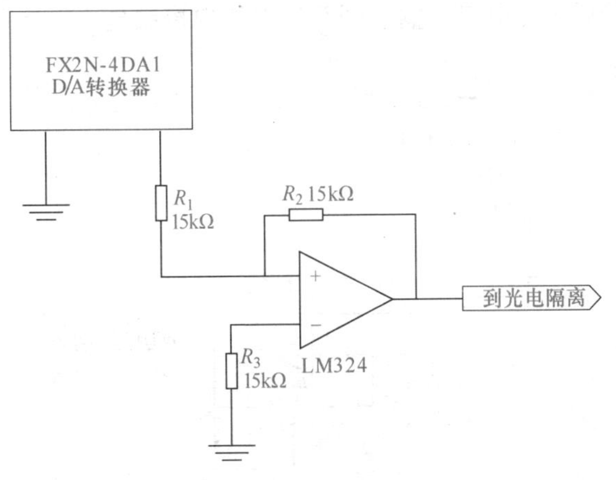

图3-5　焊接电流给定电路

2. 焊接电流监测

根据A/D输入信号范围，必须将霍尔元件输出的小电流信号首先变换为电压信号，再经放大滤波后进入A/D转换通道。焊接电流监测电路如图3-6所示，焊接电流采样值送入AD模块引脚，用于焊接电流监测。

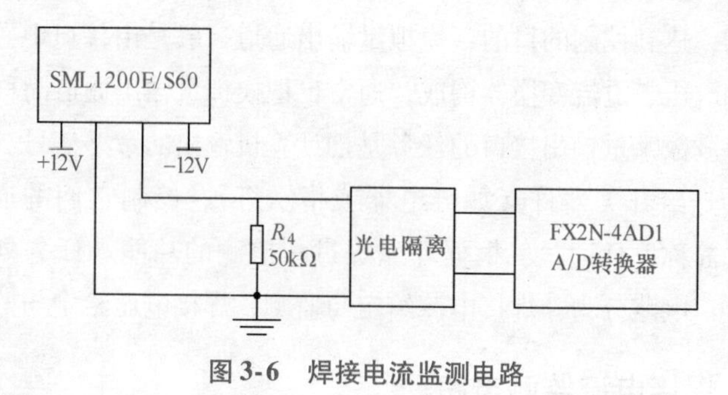

图 3-6 焊接电流监测电路

3.2.2 焊接电压监测电路

1. 焊接电压给定

由计算机进行焊接电压设定的控制电路如图 3-7 所示，D/A 转换器输出负端与埋弧焊控制板共地，正端接电阻 R_{11} 后到运算放大器的输入端，最后经光电隔离输入到双丝埋弧焊控制盒，由计算机进行焊接电压的给定。

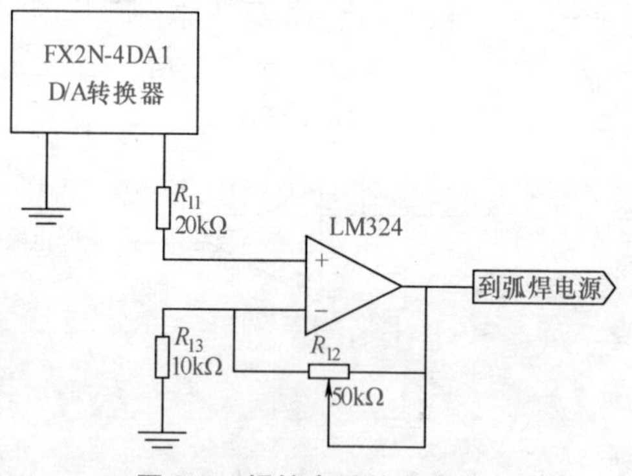

图 3-7 焊接电压给定电路

2. 焊接电压监测电路

焊接电压检测电路如图 3-8 所示，采集到的焊接电压信号经 LC 滤波、分压后通过光耦 TLP521-2 隔离得到 −10 ~ 10V 反馈电压信号给 AD 模块输入通道。

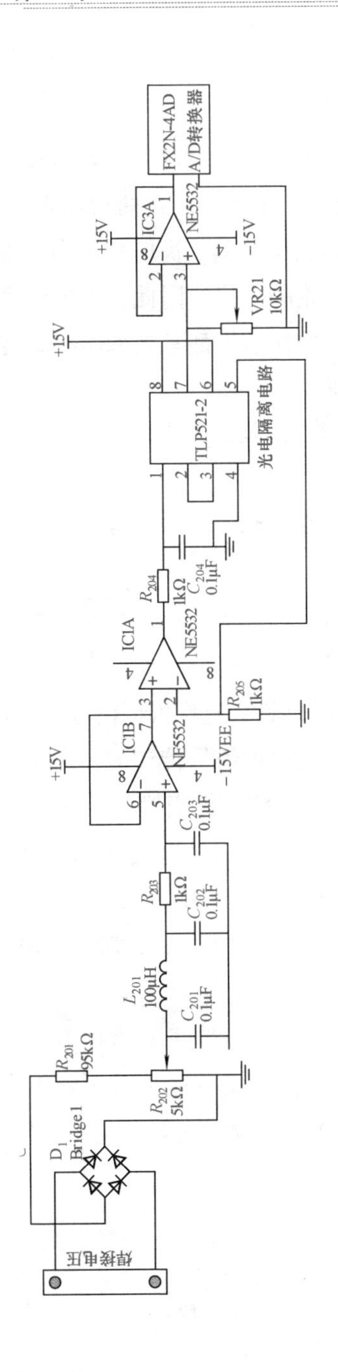

图 3-8　焊接电压监测电路图

3.2.3 光电隔离电路

埋弧焊装备包括了供电与控制两部分，前者属于大功率强电，后者属于弱电。在双电弧焊接过程中，当两台电源和行走机构在大电流、强电弧等干扰状态下工作时，干扰信号可通过地线或电源线进入控制电路并产生对控制电路的干扰。因此，双电弧埋弧焊装备的给定信号以及电弧电流、电压反馈信号都必须采用隔离传输[14,15]。

1. 数字信号光电隔离

数字信号的传递常采用隔离措施，采用光电隔离器件对信号进行不共地传输，如图 3-9 所示。由于光隔离器件存在非线性，对数字信号的传递不存在问题。

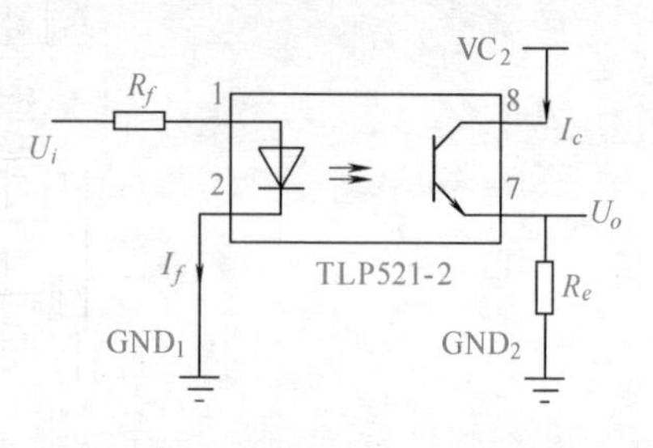

图 3-9 数字信号光电隔离

2. 模拟信号光电隔离

由于光隔离器件存在非线性，这样模拟信号传输时就不可避免存在非线性失真的问题[16,17]，但模拟信号传递时，需要起隔离作用，又要保证严格的线性。为了实现多路计算机模拟给定及反馈信号的隔离传输，一种高精度的 10V 线性隔离放大电路如图 3-10 所示，选用 12V，1W 小型封装 DC/DC 隔离直流电源模块，隔离电路板还采用了价格低廉的 LM324 运放集成电路和光耦 TLP521-2，实现了 10V 线性模拟信号的隔离传输。

设光耦的输入电流为 I_f，由器件手册可知 I_f 的典型值为 16 ~ 20mA，当 $I_f = 10\text{mA}$ 时，发光二极管的压降 $U_f = 1.0 \sim 1.3\text{V}$，设光耦的电流传递系数为 g，集电极电流为 $I_c = gI_f$，空载时输出电压为

$$U_o = I_c R_e = gI_f R_e \tag{3-1}$$

限流电阻 R_f 为

$$R_f = \frac{U_i - U_f}{I_f} \tag{3-2}$$

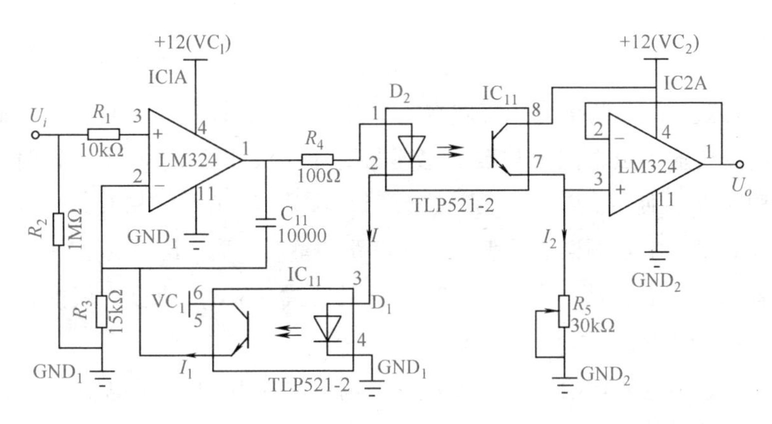

图3-10　模拟信号光电隔离

根据输出电压 U_o 的范围和技术手册给出的参数，决定 R_f、R_e，如图3-10所示，取两电源电压为12V，R_f、R_e 分别取100Ω、15kΩ（即图中 R_3 和 R_5），R_5 实际为30kΩ可调电阻。

利用了TLP521-2中的两个发光二极管串联，使流过两个发光二极管的电流一样，形成差分负反馈，补偿光耦的非线性电流传输系数。虽然光耦是非线性的，但两光耦集成在一个芯片内，可保证其特性基本一致，非线性程度相同，故产生相互抵消用。设图3-10中两个光耦的电流传输系数分别为 g_1、g_2，流过两个光耦发光二极管的电流为 I，两个运放为理想运放，利用其虚短、虚断、输入阻抗无穷大的概念，导出 I、I_1 和 I_2 的关系：

$$I_1 = g_1 I;\ I_2 = g_2 I$$

由图3-10可导出下列表达式：

$$U_i = I_1 R_3 = g_1 I R_3 \tag{3-3}$$

$$U_o = I_2 R_5 = g_2 I R_5 \tag{3-4}$$

假设设计要求为输出、输入电压相等，即 $U_o/U_i = 1$（可根据需要改变比值），得 $g_1 I R_3 = g_2 I R_5$，即

$$g_1 R_3 = g_2 R_5 \tag{3-5}$$

$$\frac{g_1}{g_2}=\frac{R_5}{R_3}=C \tag{3-6}$$

C 为常数，因为两个光耦集成在一个芯片上，特性基本一致，使它们的电流传输系数之比为常数（通常接近于1），即 $g_1/g_2=C$，这时通过调整 R_5，使 $R_5/R_3=C$，则式（3-5）和式（3-6）就相等，$U_o=U_i$ 就成立了。实际测试结果表明，在电路调整后，R_5、R_3 均固定了，但二者之比为常数 C，满足式（3-6），只要式（3-6）成立，就能得出 $U_o=U_i$ 的结论。

通过对输入端给定 2V、6V、8V 调节图 3-10 中可调电阻 R_5，使输出电压最接近输入电压 2V、6V、8V，然后固定 R_5，再改变输入电压逐点测试输入电压与输出电压的关系，测试结果如图 3-11 所示。图中所示测试结果表明，该电路具有精度高、失真小，可以满足埋弧焊过程计算机实时监控过程模拟信号给定及监测。

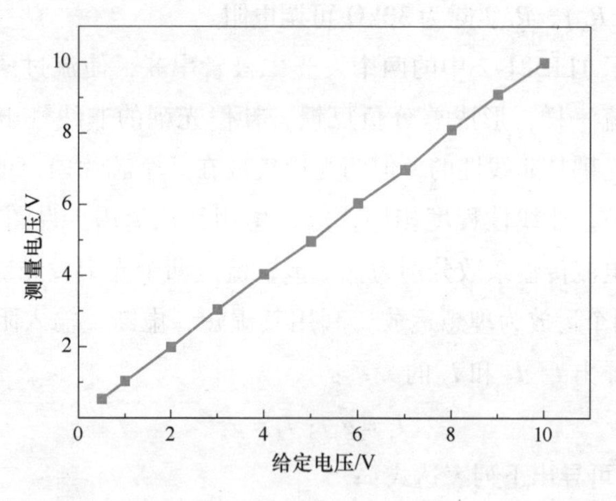

图 3-11 输入、输出电压的关系

3.2.4 数据采集电路

目前，在焊接过程实时监测和信号采集等系统中，数据通信大都通过现场总线、RS-485、RS-232 或 PCI 接口实现。近年来，随着嵌入式以太网技术的不断发展和成熟，并且拥有传输速率高、抗干扰能力强、容量大、结构简单、成本低等优点，使其在数据采集和实时监测领域得到了很好的应用和发展[18,19]。本节以应用最为广泛的基于PCI和以太网卡的两种采集技术情况进行介绍。

1. 基于PCI的数据采集[20,21]

基于PCI总线的数据采集系统，充分利用PCI总线的高传输速率、计算机强大的计算能力和操作系统良好的人机界面，将大量数据传输至计算机内存，然后通过自主开发的应用程序对采集的数据进行FFT等后期分析与处理，实现了数据的高速采集和传输。根据用户设备的性质不同，连接到PCI总线上的设备可分为MASTER（主控设备）和TARGET（目标设备）两种，相应的PCI接口类型也分为MASTER和TARGET两种。主控设备可以控制总线驱动地址、数据和控制信号，目标设备不能启动总线操作，只能依赖于主控设备从其中读取或向其传输数据。

通常情况下，TARGET接口适用于需要同PC慢速交换数据的接口设备，目标板上没有CPU或者有CPU但不需要控制PCI总线，不需要向PC主动地传输数据。目标板上通常有A/D、D/A转换，数字I/O和S/P（串、并）转换，复杂一点的可配置单片机、CPLD和FPGA等。MASTER接口则适用于需要同PC快速进行数据交换的接口设备或者在不希望PC干预的情况下交换数据的接口设备，目标板上必须安装CPU，比如单片机、DSP、ARM或ASIC等芯片。数据采集卡将采用MASTER，即主控设备接口，原因有两个：①采集系统的数据传输是由目标板发起的，采集卡开始工作后通常处于待机状态，只有当运动的目标到来时，才产生触发信号，进而引发数据的采集和传输；②为了提高数据传输速率，在数据采集过程中要采用DMA（Direct Memory Access）方式，即直接存储器存储，这种方式要求数据采集卡必须为主控设备。

图3-12是典型的使用大规模可编程逻辑器件实现基于PCI接口

的雷达数据采集系统的框图，FPGA 作为系统的总控制枢纽，内置了多个功能部件，主要包括采集控制模块、数据缓冲模块和 PCI 接口逻辑模块。除了 FPGA 芯片之外，还有 A/D、D/A、配置 FPGA 用的 PROM 以及用来存储数据的 SRAM 等。

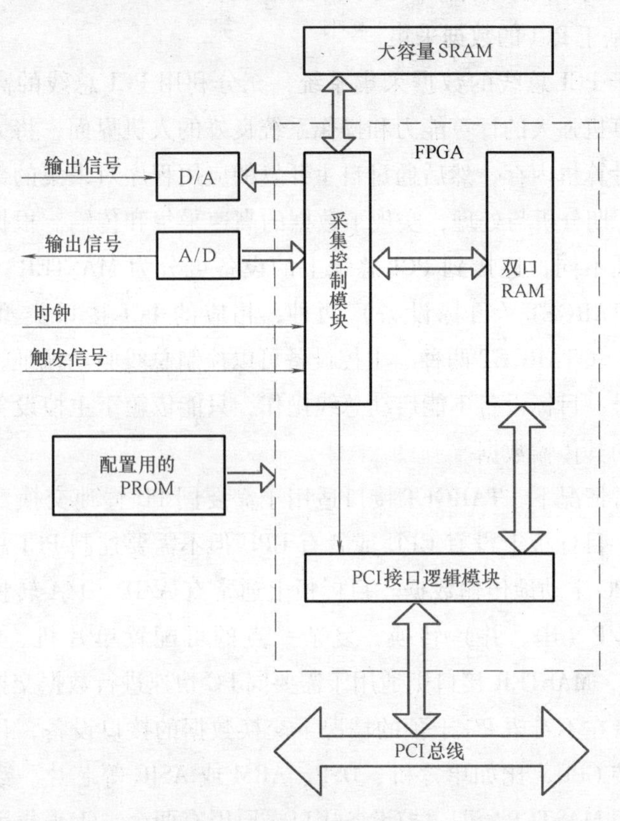

图 3-12　用 FPGA 实现的基于 PCI 总线的数据采集系统

这种方案采用 FPGA + PCI 软核的方式，将用户逻辑与 PCI 核集成在一片 FPGA 中。用户可根据实际要求配置 PCI 软核，并可以通过顶层仿真及下板编程验证 PCI 接口以及用户逻辑设计的正确与否，具有很高的灵活性。如图 3-13 所示，一种典型的基于 PCI 总线的数据采集卡的设计方案，数据采集卡包括信号调理、模数转换、数据缓冲、

PCI 接口和逻辑控制五个功能模块。

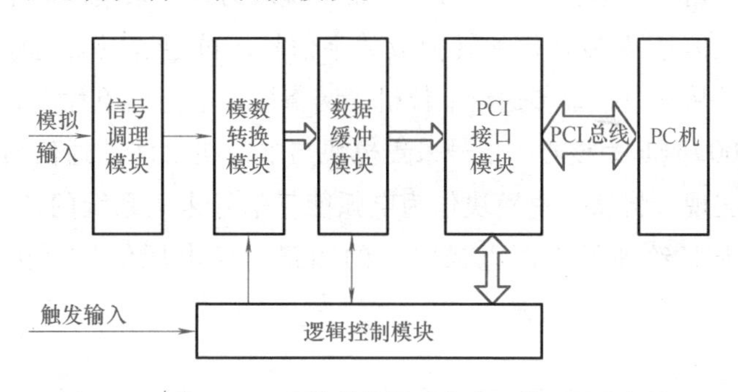

图 3-13　基于 PCI 总线的数据采集卡总体设计方框图

可以看到，信号调理模块对输入的模拟信号进行滤波和放大，将信号调理至适合 A/D 输入电压的范围内，在采样时钟的控制下，调理后的模拟信号通过模数转换模块转换为 12bit 的数字信号输入数据缓冲模块，缓冲模块中的数据经过 PCI 接口以 DMA 方式写入计算机内存中，逻辑控制模块负责协调各模块的逻辑关系，控制数据的采集和 PCI 总线传输。

2. 基于以太网卡数据采集

基于以太网卡（TCP/IP）的电弧能量信号采集模块主要由 ARM 控制器、电流电压采样电路、A/D 转换模块、存储单元以及网络接口电路组成，其结构如图 3-14 所示。该模块采用以太网进行双向通信，相比较 USB、RS-232、PCI 等数据传输方式，基于以太网 TCP/IP 协议的传输方式具有数据传输速率高，传输容量大，抗干扰能力强，传输距离远，易于安装使用等优势[22]。而焊接过程的复杂多变，电弧信号干扰严重，因此要求信号采集和监测系统具有很好的实时性和可靠性。将以太网通信应用到双丝埋弧焊的电弧能量信号监测中，能有效克服这些困难，提高系统监测的实时性和可靠性，以保证焊接过程中采集系统能稳定可靠地进行。

如图 3-14 所示，其中 A/D 转换器的分辨率为 16Bit，采用真硬件同步，每路独立运放、独立 A/D，抗干扰能力强。采集到的主从机电流和电压信号经 A/D 模块转换成数字信号，再通过以太网控制器处理打包后从网络接口传送给上位机。网络接口电路以单片以太网控制器 DM9000AEP 为核心，信号采集模块与上位机之间的通信通过双绞线连接实现。将该采集模块作为电弧能量信号采集系统的核心部分，可以实现双丝埋弧焊两电弧对应的四路电流电压信号同步采集和存储。

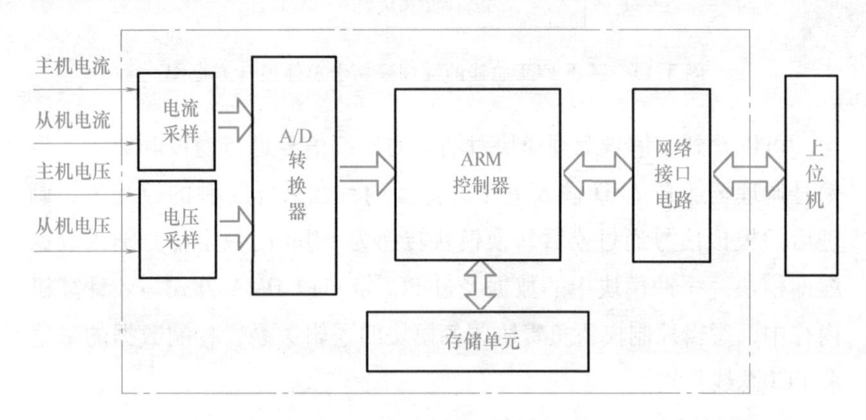

图 3-14 基于 TCP/IP 的电弧能量信号采集模块

接口电路部分主要包括网络接口电路、电流和电压采样电路。根据双丝埋弧焊过程电弧能量信号实时采集的任务要求，结合基于 TCP/IP 的电弧能量信号采集模块，设计了网络接口、焊接电流采样电路以及焊接电压采样电路。

网络接口主要由 RJ45 连接器和以太网控制器 DM9000AEP 组成。DM9000AEP 是 DAVICOM 公司设计的一款高集成、低成本的单片以太网物理层控制器，具有处理器接口可通用、低能耗和高处理性能的特点，且外围电路设计简单[23]。DM9000AEP 符合 Ethernet 标准，支持 IEEE802. 3 全双工的流量控制模式和半双工 CSMA/CD 流量控制模式；集成 10/100Mbps 自适应全双工数据收发器；内置 16KB 的 SRAM，其中 13KB 用作接收缓冲区，3KB 用作发送缓冲区；支持 8/16 位数据总线，中断申请以及I/O基地址选择，对内部寄存器的操作简单。以太网接口采用集成网络变压器的RJ45连接器，通过双绞线连接到上位机，实现基于以太网的数据通信。网络接口硬件连接示意图如图3-15所示。

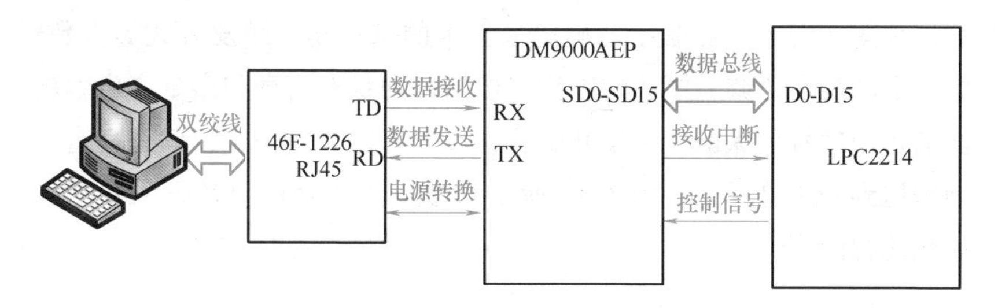

图3-15　网络接口硬件连接示意图

3.3　焊接过程在线监测软件技术

软件系统设计是实现连接、操作监测系统硬件稳定、智能运行的关键，是实现焊接质量数字化监测的核心载体，通过软件编程可以实现对电弧信号采集、存储与编辑、实时显示，同时还可以对采集的电弧信号进行数字滤波、时域分析、频域分析、时频域分析，实时观察焊接过程的稳定性和焊接质量的分析和判断。按埋弧焊质量在线监测系统功能特点要求，软件设计主要包括数据采集程序和人机界面操作界面两部分。系统数据采集程序主要负责焊接过程电弧能量信号的动态采集，人机界面主要是方便在上位机上进行采集参数和采样通道的设置以及数据的示波、存储、编辑及分析。

3.3.1　采集程序

根据前面介绍常用的基于PCI和以太网卡的两种采集硬件平台，接下来介绍相对的采集程序的设计思路。

1. 基于PCI数据采集程序

基于PCI数据采集卡的采集程序包括两部分工作：第一部分工作过程用于数据采集卡工作方式的设定；第二部分工作过程为数据采集阶段。相应程序也要完成两个功能：第一个功能是从主机接收并寄存数据采集卡的命令控制字，确定采集卡的采样率、触发方式等参数；第二个功能是协调各模块的工作，根据各种状态信息和命令产生各模块的控制信号，保证在采集开始后，数据可以通过PCI接口完整有序地传送到PCI总线上。图3-16所示为数据采集程序对数据采集卡初始化流程图[20,21]。

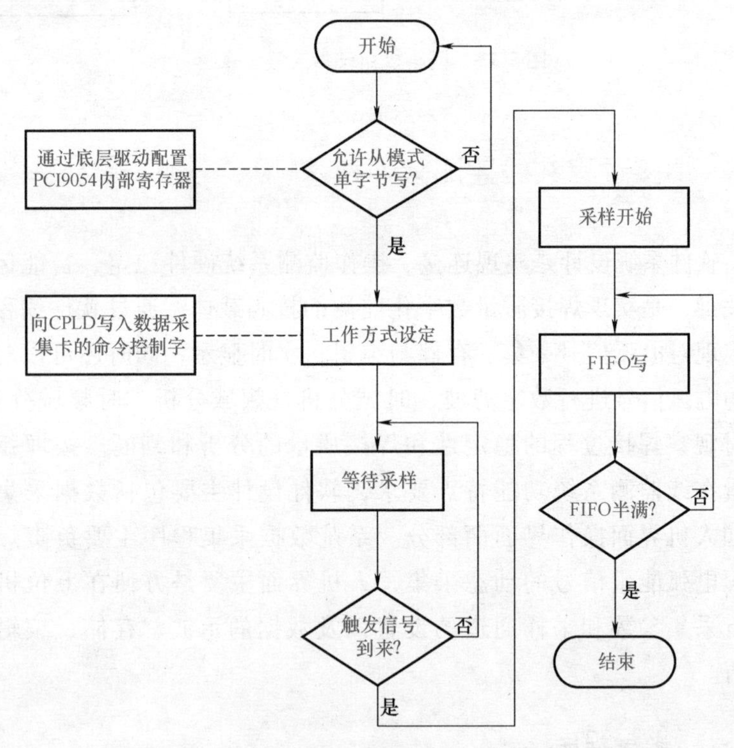

图3-16 数据采集程序对数据采集卡初始化流程

数据采集卡要进行数据采集的工作，首先由主机以PCI9054从模式单字节写方式向CPLD写入命令控制字，确定采集卡的采样率、触发方式等参数，使能A/D转换及FIFO写操作，改写相应的状态控制字。在触发信号到来之后，数据采集开始，A/D转换模块输出的数据写入FIFO。

数据采集开始后，FIFO将分别经历全空、将空、半满等状态，当FIFO的半满信号，向计算机发送中断请求信号。主机CPU响应中断，在中断响应程序中给出DMA读命令，包括起始地址、传输字节数及传输方向等。接着启动本地总线的DMA读周期，开始DMA传输。计算机将通过DMA方式读取数据，完成数据传输。

2. 基于以太网卡数据采集程序

以太网高效率、高速的数据通信是实现采样数据实时、高速地传递给上位机进行分析的首要保证，已有研究的技术成果电弧能量采集系统，采用单片以太网控制器DM9000AEP来实现与上位机之间的数据通信。对于DM9000AEP的编程，主要是通过对其内部寄存器进行各种操作来完成。

由于数据包最终是要通过上位机接收，因此，采集到的焊接电流和电压等数据也必须按照TCP/IP协议标准打包，然后由DM9000AEP发送给PC机接收、处理。TCP/IP协议是一种目前被广泛应用的网络协议。在嵌入式系统中，TCP/IP协议主要包括：应用层、传输层、网络层和网络接口层。根据埋弧焊电弧信号采集系统的要求，设计的基于TCP/IP协议的数据通信程序，流程如图3-17所示。

焊接过程数据采集程序主要完成焊接动态数据的采集、示波和存储，通过调用A/D转换子程序将传感器采集到的主从机电流、电压信号转换成数字信号，然后由以太网控制器DM9000AEP将数据打包处理后经以太网接口传送给上位机，通过调用接收程序和示波程序实现对焊接过程电弧能量信号的实时记录和存储，该程序流程如图3-18所示。

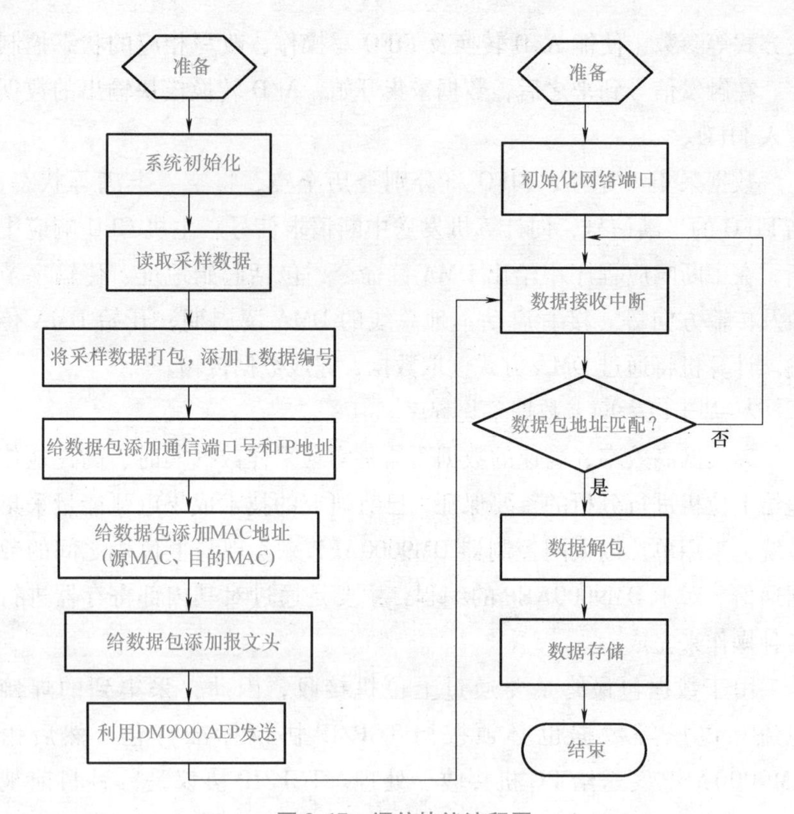

图3-17 通信协议流程图

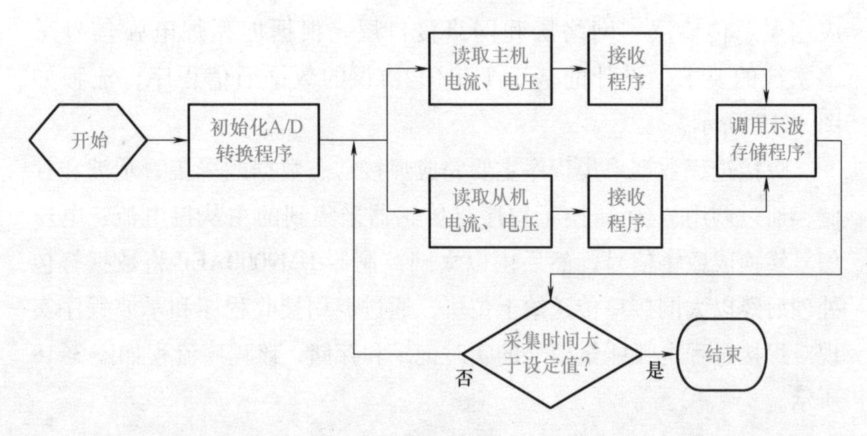

图3-18 数据采集程序流程图

3.3.2　上位机人机界面设计

20 世纪 80 年代以来，随着计算机、多媒体技术、图形图像技术、计算机通信与网络技术的发展，出现了许多功能强大、可视性强的高级语言，诸如 VB、VC、Delphi、C ++ Builder 等，近年来，更是随着网络的发展，监测仪器越来越注重软件系统的开发，主要集中在数据采集、数据测试和分析、结果输出显示三大部分，其中数据分析和结果输出完全由基于计算机的软件系统来完成，提高了对应用程序的设计与开发要求。计算机和软件技术在焊接领域中的应用，可以通过对焊接过程中信息的获取、传输、存储、处理与分析，以预测焊接质量的稳定性，实现对焊接过程进行量化分析，以减少人为因素对焊接过程带来的负面影响，取代以往由有经验的焊工根据焊接过程稳定性和焊缝成形来评判焊接质量的方法，使整个焊接制造过程更趋于集成化、智能化、柔性化且成本低。这对于推动我国焊接技术的发展满足各行业需求，提高企业生产效率，改善产品质量，减轻工人劳动强度都有重要的意义。现在分别介绍在焊接质量监测方面应用较为广泛的三种软件平台：VC、Delphi 和 Labview。

1. VC 编程技术[24,25]

Visual C ++ 6.0 是 Microsoft 公司推出的 VC 最新版本。它是在早期版本的基础上不断改变完善发展而来用于支持 Win32 平台应用程序服务和控件的开发。Visual C ++ 6.0 开发环境 Developer Studio 是由 Win32 环境下运行的一套集成开发工具所组成包括文本编辑器、资源编辑器、项目建立工具优化编译器、增量连接器、源代码浏览器、集成调试器等。在 Visual C ++ 6.0 中可以使用各种向导 MFC 类库和活动模板库（简称 ATL）来开发 Windows 应用程序向导，实质上是一种计算机辅助程序设计工具，用于帮助用户自动生成各种不同类型应用程序风格的基本框架。例如使用 MFC AppWizard 来生成完整的从开始文件出发的基于 MFC 类库的源文件（如资源文件）；使用 MFC

ActiveX Control Wizard 生成创建 ActiveX 控件所需要的全部开始文件（如源文件、头文件、资源文件、模块定义文件、项目文件和对象描述语言文件等）；使用 ISAPI Extension Wizard 生成创建 Internet 服务器或过滤器所需要的全部文件；使用 ATLCOM AppWizard 来创建 ATL 应用程序；使用 Custom AppWizard 来创建自定义的项目类型，并将其添加到创建项目时的可用项目类型列表中。创建应用程序的基本框架后可以使用 Class Wizard 来创建新类定义消息，处理函数覆盖虚拟函数从对话框表单视图或者记录视图的控件中获取数据并验证数据的合法性；添加属性事件和方法到自动化对象中。此外还可以使用 WizardBar 来定义消息，处理函数覆盖虚拟函数并浏览实现文件（. cpp）。

Visual C ++6. 0 允许用户建立强有力的数据库应用程序：可以使用 ODBC 类（开放数据库互连）和高性能的 32 位 ODBC 驱动程序来访问各种数据库管理系统，如 Visual Foxpro 5. 0 6. 0 Access SQL Sever 等可以使用 DAO 类（数据访问对象）通过编程语言来访问和操纵数据库中的数据并管理数据库对象与结构 VisualC ++6. 0 对 Internet 提供更强有力的支持：Win32 Internet API 使 Internet 成为应用程序的一部分，并简化了对 Internet 服务（FTP HTTP Gopher）的访问，ActiveX 文档可以显示在整个 Web 浏览器或 OLE 容器的整个客户窗口中，ActiveX 控制可以用在 Internet 和桌面应用程序中。

将 Visual C ++ 6. 0 应用于焊接过程软件系统开发，为分析焊接过程中各种信号之间的关系以及对焊接过程的反映提供了一个有效的软件平台，以 VC 为软件开发平台，设计基于 VC 平台的焊接过程电弧信号采集、分析软件系统，对焊接过程进行监测与控制，可以实现视觉图像、电流、电压、弧光信号与电弧声信号实时同步采集与焊接过程电弧信号分析。

2. Delphi 编程技术[26]

Delphi 是著名的 Borland 公司开发的可视化软件开发工具。Delphi 提供了各种开发工具，包括集成环境、图像编辑（Image Editor），以及各种开发数据库的应用程序，如 DesktopDataBase Expert 等。除此之外，还允许用户挂接其他的应用程序开发工具，如 Borland 公司的资源编辑器（Resourse Workshop）。在 Delphi 众多的优势当中，它在数据库方面的特长显得尤为突出：适应于多种数据库结构，从客户机/服务机模式到多层数据结构模式；高效率的数据库管理系统和新一代更先进的数据库引擎；最新的数据分析手段和提供大量的企业组件。Delphi 作为一种功能强大的编程工具，具有易学、易用、开发效率高、界面制作美观方便等优点。Pascal 作为历史上第一种结构化的高级语言，在从事复杂算法编写方面也有着诸多优点，可是在软件开发快速运作的今天，用 Pascal 原始开发一些复杂的算法，不仅编译效率不高而且也影响开发进度。将 Delphi 应用于焊接过程监测与控制软件系统开发，可以充分利用 Delphi 灵活、强大、方便的编程能力，实现交互界面和强大的科学计算能力，使开发的系统软件具有功能强大、编程简单的特点。

3. Labview 编程技术[27,28]

虚拟仪器（Virtual Instrument，简称 VI）是仪器技术与计算机技术深层次结合的产物，它是全新概念的仪器，是对传统仪器概念的重大突破，它使测量仪器与计算机之间的界限消失。虚拟仪器将传统仪器由硬件实现的数据分析处理与显示功能，改由功能强大的 PC 计算机及其显示器来完成；并配置以获取调理信号为主要目的的 I/O 接口设备（如数据采集卡 DAQ、GPIB 通用接口总线仪器、VXI 总线仪器模块、串口 RS232/RS485 仪器等）；再编制不同测量功能的软件对采集获得的信号数据进行分析处理及显示。以这种方式构成的虚拟仪器系统实质是计算机仪器系统，从某种意义上来说“软件就是仪器”。“虚拟”二字包含两方面含义：第一，虚拟仪器的面板是虚拟的；第二，虚拟仪器测量功能是由软件编程来实现的，也就是说测量仪器的功能可以根据用户需要自行设计软件来定义或扩展，不必购买昂贵的专用仪器，而且虚拟仪器可以与计算机同步发展，与网络及其他周边设备互联，这将给用户带来无尽的便利。虚拟仪器用于焊接过程分析的主要形式有：①分布式监测系统；②远程监控系统；③与智能技术相结合。利用 LabVIEW 软件，通过所设计程序对焊接过程中采集到的 GMAW 焊接电流、电弧电压波形及高速摄像电弧图像进行研究分析，一方面使电信号波形及高速摄像电弧图像进行每个时刻的同步对应显示，并且同步显示该时刻的电流和电压的具体数值，从而可以使研究者更加直观清晰地观察到其对应关系，从而更加容易从宏观上分析整个焊接过程；另一方面通过 LabVIEW 的强大计算分析功能对焊接过程的主要参数进行统计分析运算，使得焊接研究人员能够根据焊接参数进一步判断焊接过程的稳定性，为焊接质量的推断提供依据。

3.4 埋弧焊电弧信号监测系统介绍

3.4.1 基于以太网卡技术的双丝埋弧焊电弧信号监测系统[29,30]

由湖南科技大学研发的一种用于双丝焊的交直流电流、电压信号监测装置，其结构示意图如图 3-19 所示。该装置由集成传感单元、信号处理单元、数据采集单元和计算机单元组成。所述集成传感单元输入端（V_{in1}、V_{in2}）与弧焊电源（P_1、P_2）输出正负极相连接，弧焊电源（P_1、P_2）的输出电缆分别穿过集成传感单元箱体（A）的通孔（K_1、K_2）和集成传感单元的电流传感器 IS_1、IS_2，集成传感单元输出端与信号处理单元输入端相连接，信号处理单元输出端与数据采集单元输入端相连接，数据采集单元输出端与计算机单元相连接。使用该监测装置可以实现对双丝焊过程两台弧焊电源输出的焊接电流、电压进行实时采集、显示与保存，以便利用采集到的焊接电流、电压数据对焊接质量及设备运行状态进行监测。该装置系统工作性能稳定，可靠性高，适用于各种双丝焊接场合。

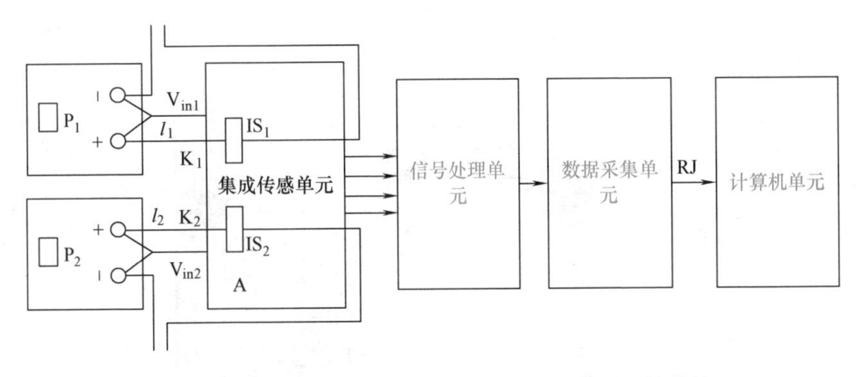

图3-19 双丝焊的交直流电流、电压信号监测系统结构

该监测装置主要由计算机、基于TCP/IP的数据采集与监控模块、埋弧焊控制盒以及传感监测器件组成。各部分在双电弧高速埋弧焊装备中的布置如图3-20所示，测控系统实物图如图3-21所示。电流传感器CS_1和CS_2以及电压传感器VS_1和VS_2用来实时监测主从机电弧的电流和电压。基于TCP/IP的数据采集与监控模块是本系统的核心部分，主要负责传感器信号的处理、与上位机的通信以及控制指令的执行。埋弧焊控制盒根据监控模块输出的控制信号实现对主从机电源、送丝机构和行走机构的控制。计算机用来进行焊接参数的设定以及控制指令的输入，同时通过软件将采集到的主从机电压与电流状态实时显示出来。

人机界面软件采用Delphi编程语言实现，主要功能包括采样频率设置、采样时间设置、采样通道设置以及数据的存储和查询示波等。软件参数设置界面如图3-22所示。

所设计的电弧能量信号采集系统可以同时进行四路信号的实时采样和存储，即双丝埋弧焊的前丝电流、前丝电压、后丝电流以及后丝电压。图3-23所示为双丝埋弧焊焊接过程中采集到的后丝方波交流电流信号波形。信号采集系统所采集到的电流、电压数据以纯文本文档的形式存储到上位机中，供后续分析用。

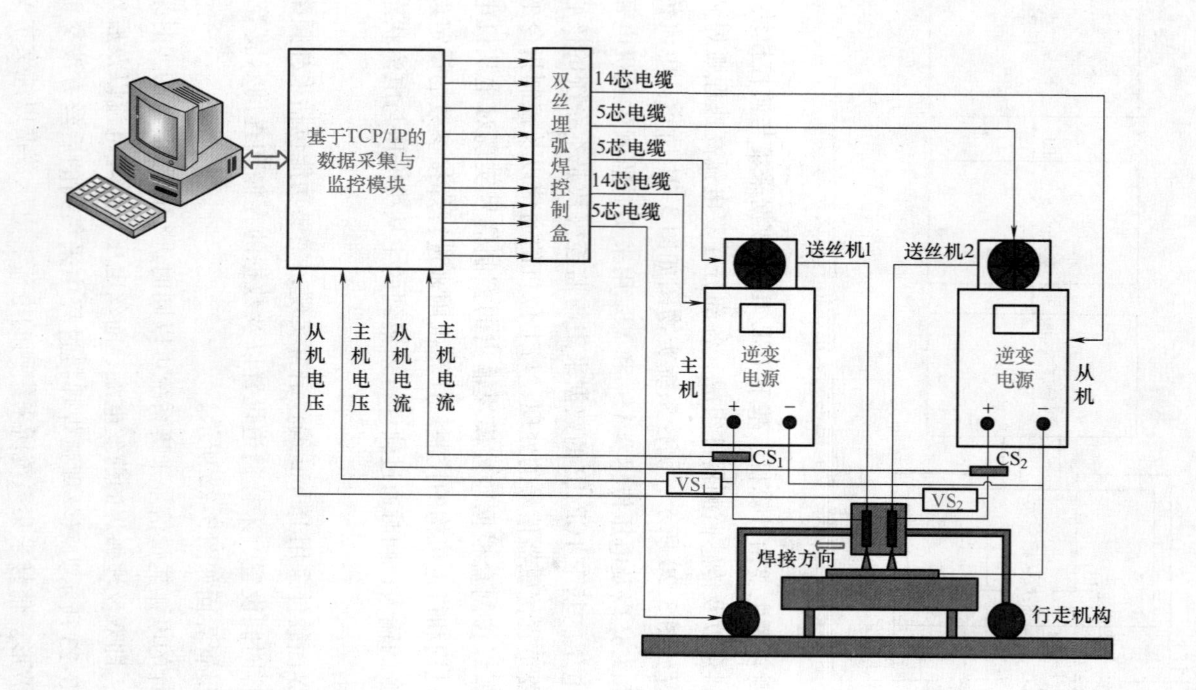

图 3-20 双丝埋弧焊测试示意图

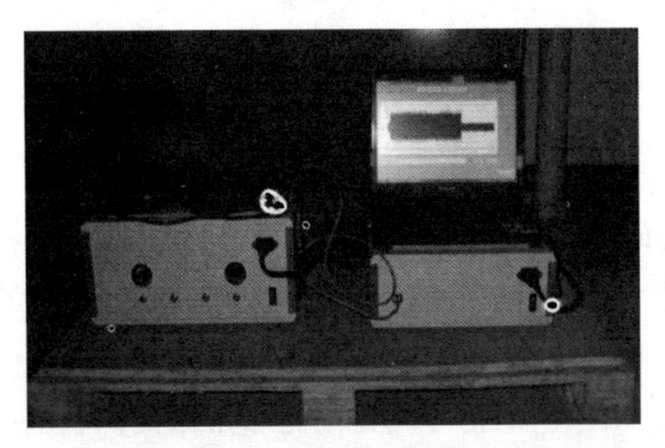

图 3-21　测控系统实物图

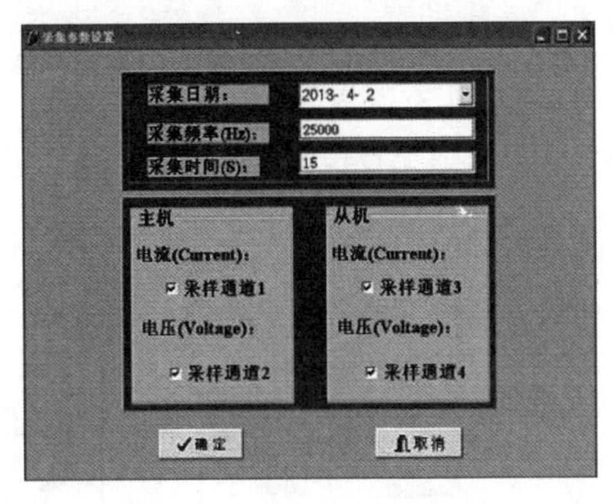

图 3-22　软件参数设置界面

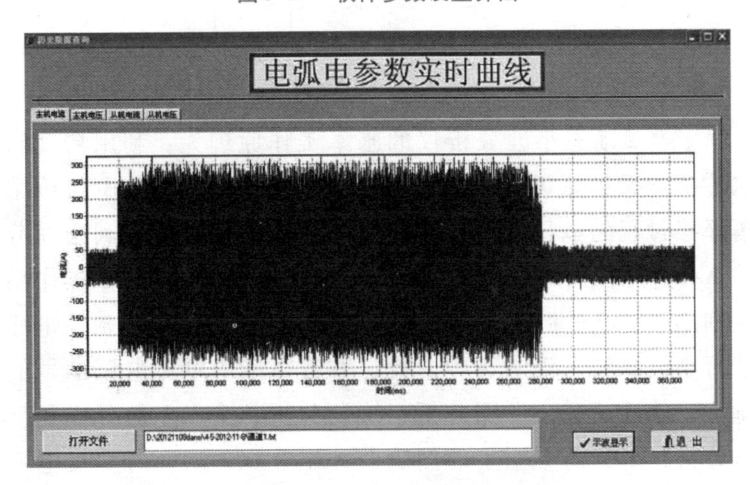

图 3-23　电弧能量信号示波界面

3.4.2 焊接电弧动态小波分析仪

应用PCI数据采集与VC编程技术，华南理工大学广东华欧焊接工程研究中心研制了一种新型的焊接电弧动态小波分析仪系统。该焊接电弧动态小波分析仪主要由台湾研华工控机、高速数据采集卡、电压采集接口电路、LEM电流传感器组成，其硬件结构原理如图3-24所示。所采集的信号均是通过带屏蔽的同轴电缆传输，可有效地防止信号传送过程的电磁干扰，保证所采集数据的可靠性。其中研华工控微机的配置如下：CPU为PIV 1.8GHz，512MB内存，60GB硬盘。电流传感器为有源霍尔效应电流传感器，可测量电流范围大（0~1000A），与电缆无直接的电气联系，减小了焊接电流对微机系统的干扰。

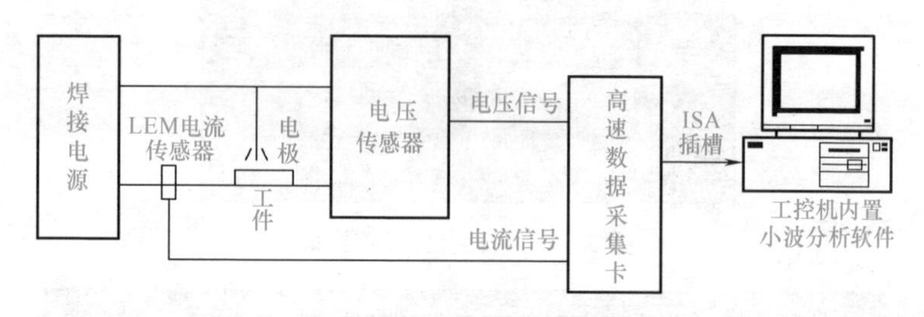

图3-24 焊接电弧动态小波分析仪原理图

焊接电弧动态小波分析仪的基本工作原理为：利用精度高的霍尔传感器采集弧焊过程的电流信号，利用精度高的电压传感器采集焊接过程的电压信号；将传感器采集的模拟信号利用高分辨率的A/D转换器件转换成数字量；在Windows9.x/2000操作系统下，利用Visual C++6.0编程语言，先将PC机中的电流、电压信号进行小波滤波，消除高频干扰，获取精确的电流电压信号的细节特征，然后通过*U-I*图分析、统计分析、输入能量分析和动态电阻分析，得到简单明了的图表及评定数据，从而对焊接电弧动态过程或焊接电源稳定性做出全面准确的分析评定[31]。

将该仪器应用到埋弧焊，利用小波分析仪对焊接过程电弧信号进行记录，小波变换后的电弧电流、电压信号如图3-25所示。

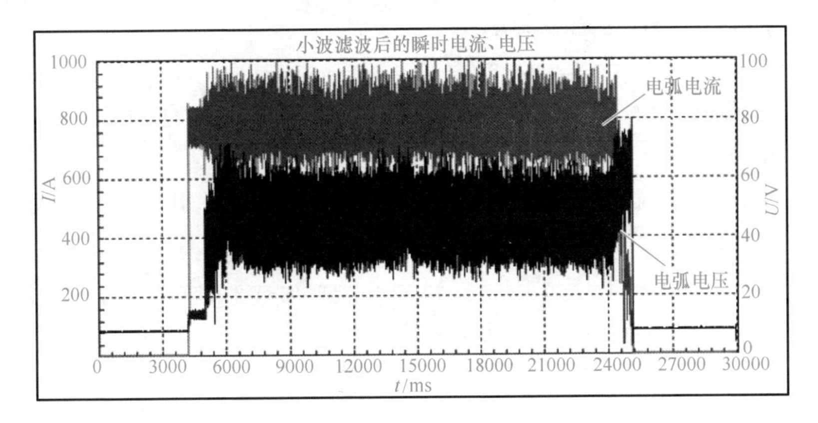

图3-25 电弧电流与电压的波形

参考文献

[1] 杨燕. 焊接过程实时监测与质量分析系统 [D]. 南京：南京理工大学，2006，4-6.

[2] 王其隆. 弧焊过程质量实时传感与控制 [M]. 北京：机械工业出版社，2002.

[3] 潘际安. 现代弧焊控制 [M]. 北京：机械工业出版社，2000.

[4] Nagarajan S, Chin B A. Infrared image analysis for on-line monitoring of arc misalignment in gas tungsten arc welding Proeesses [J]. NDT & E International, 1996, 12: 399.

[5] Kanagawa M N. Method and apparatus having transversely offset eddy current sensors for defecting defect in elongated metal strip joined by way of welding [J]. NDT & E International, 1997, 7: 177.

[6] Agapiou G, Kasiouras C, Serafetinides A A. A detailed analysis of the MIG spectrum for the development of laser-based seam jtracking sensors [J]. Optics & Laser Technology, 1999, 3: 157-161.

[7] Steindl R, Huasleitner Ch, Pohl A, Hauser H, Nieolies J. Passivewirelessly requestable sensors for magnetic field measurements [J]. Sensors and Actuators A: Physieal, 2000, 8: 169-174.

[8] Ernst H, Muller E, Kaysser W A. Themral stability of laser welded thermocouple contacts to Si for high temperature thermal sensor application [J]. Microelectronics Reliability, 2000 (8-10): 1683-1688.

[9] 蔡艳, 吴毅雄. 虚拟仪器在 CO_2 弧焊品质分析仪中的作用 [J]. 电焊机, 2002, 32 (12): 5-7.

[10] Bae K-Y, Lee T-H, Ahn K-C. An optical sensing system for seam tracking and weld pool control in gas metal arc welding of steel pipe [J]. Journal of Materials Proeessing Technology, 2002, (1): 458-465.

[11] 王克鸿, 汤新臣, 刘永, 等. 射流过渡熔池视觉检测与轮廓提取 [J]. 焊接学报, 2004, 25 (2): 66-71.

[12] 王克鸿, 汤新臣, 等. 富氩气体保护焊熔池视觉信息传感试验研究 [J]. 机械工程学报, 2004, 40 (6): 161-164, 178.

[13] Cao Zongjie, Chen Huaidong, Xue Jin, Wang Yuwen. Evaluation of mechanical quality of field-assisted diffusion bonding by ultrasonic nondestruetive method [J]. Sensors and Actuators A: Physieal, 2005 (1): 44-48.

[14] 璩克旺, 陶生桂. 开关电源的隔离技术 [J]. 通信电源技术, 2003, 8: 17-19.

[15] 韦寿祺, 黄知超. 电子束焊机中线性光电隔离装置的设计 [J]. 电焊机, 2003, 33 (3): 22-23.

[16] 陈艳峰, 丘水生. 实用线性光电隔离放大电路分析研究 [J]. 电子技术应用, 1999 (7): 9-11.

[17] 赵庆明. 线性光电隔离放大电路的设计 [J]. 电测与仪表, 1999, 36 (12): 26-27.

[18] 黄石生. 弧焊电源及其数字化控制 [M]. 北京: 机械工业出版社, 2007.

[19] Li Qi, Li Xuejun, He Kuanfang, et al. Digital Monitoring and Control System Based on Ethernet for Twin-Arc High Speed Submerged Arc Welding [J]. Lecture Notes in Electrical Engineering, 2011, 138 (1): 517-526.

[20] 尹勇，李宇. PCI总线设备开发宝典 [M]. 北京：北京航空航天大学出版社，2005.

[21] 薛林. 高速PCI数据采集卡的设计与实现 [D]. 南京：南京理工大学，2006.

[22] 陈昕光，许勇. 以太网应用于工业控制系统的实时性研究. 自动化仪表，2005，26 (8)：10-13.

[23] 韩超，王可人. 基于DM9000的嵌入式系统的网络接口设计与实现 [J]. 工业控制计算机，2007，20 (4)：17-18.

[24] 赛奎春. Visual C++工程应用与项目实践 [M]. 北京：机械工业出版社，2005.

[25] 石玗，刘啸天，郑东辉，等. 基于VC++的焊接多信息同步采集系统 [J]. 电焊机，2009，39 (12)：67-71.

[26] 周军发，郑伟，马建军，等. 精通Delphi [M]. 北京：电子工业出版社，1996.

[27] 邵华，朱丹平. 虚拟仪器技术在焊接电弧一电源系统中的应用 [J]. 焊接技术，2005，34 (1)：45-47.

[28] 孙勃. 基于LabVIEW的GMAW焊接过程分析评价系统的研制 [D]. 天津：天津大学，2008.

[29] He Kuanfang, Zhang Zhuojie, Chen Jun, Li Qi. Ethernet Solutions for communication of Twin-Arc High Speed Submerged Arc Welding equipments [J]. Journal Of Computers, 2012, 7 (12): 3052-3059.

[30] 何宽芳，黎祺，陈俊，等. 双电弧埋弧焊电弧电信号测量系统，中国，201120529266 [P]. 2012.

[31] 薛家祥，易志平，方平，等. 焊接过程电信号虚拟分析仪的研究 [J]. 机械工程学报，2004，40 (2)：60-63.

第 4 章

埋弧焊数字化监测的信号分析

埋弧焊过程电弧能量信号（电流、电压信号）包含着丰富的信息，它不仅包含了焊接电源的性能信息，而且包含了焊接质量信息，如电弧稳定性、熔池形态、熔深大小、熔滴过渡频率和状态等。此外，焊接过程电弧能量信号具有容易采集以及实时性好的特点，能够动态地反映整个焊接过程的电弧状态，而且电弧能量信号的稳定性状态与焊接质量直接相关。因此，对焊接过程电弧能量信号进行采集和分析，通过特征提取来对焊接过程的稳定性和焊接质量进行定量评估，这为利用现代信号分析技术动态分析焊接过程焊接质量提供了新的途径。埋弧焊焊接过程是一个多因素相互作用的复杂动态过程，由于各种随机因素的影响，使焊接状态与各种焊接信号实时发生变化，实际监测得到的电弧信号属于非平稳信号。此外，由于测试线路的布置、电缆走线、外界电磁干扰等因素，会在测试电弧信号上叠加高频噪声。目前，不少学者利用 Lyapunov Exponent 指数、小波变换、HHT 和 LMD 应用于埋弧焊过程进行电弧稳定性、焊接质量监测[1-8]。

4.1 Lyapunov Exponent 指数计算与分析

利用非线性信号处理方法对电弧信号时间序列进行分析，已经成为研究电弧特性的重要手段。吕小青利用分形维数揭示了 CO_2GMAW

短路过渡的混沌行为特征[9]，向远鹏用近似熵与熔滴过渡频率对表征 CO_2 焊短路过渡过程稳定性的不同影响进行了研究[10,11]。其中最大 Lyapunov 指数是非线性系统的一个非常重要的特征量，Lyapunov 指数是对系统吸引子动力学行为或时间演化性质的一种测度，并提供对系统所产生信号的混沌本质和程度的定量评估，已经广泛应用于生物医学、非线性电子学和机械工程等工程实践中[12]，目前已逐步应用于焊接领域，罗震用 Lyapunov 指数研究点焊位移信号的混沌特性[13]，曹彪等用 Lyapunov 指数对短路过渡 GMAW 的电弧进行了计算与分析[14,15]。何宽芳利用 Lyapunov 指数来定量研究（评估、衡量）埋弧焊焊接参数与焊接过程电弧稳定性之间的关系[4]。

4.1.1　理论及算法

1. 相空间重构

相空间重构是计算 Lyapunov 指数等系统动力学行为混沌不变量的首要前提。根据 Takens 延迟坐标技术，设时间序列为 $\{x_i: i=1, 2, \cdots, N\}$，嵌入维数为 m，重构 m 维相空间中的点 X_n 的坐标为

$$X_n(m,\tau) = [x_n, x_{n+\tau}, \cdots, x_{n+(m-1)\tau}] \tag{4-1}$$

其中，$n=1, 2, \cdots, N_m$，$N_m = N-(m-1)\tau$，$\tau = i\Delta t$ 为时间延迟，Δt 为采样间隔，i 为整数。

为了能在重构的空间中刻画原动力系统的性质，需正确地确定延迟时间间隔 τ 和嵌入维数 m。

2. 延迟时间

设焊接电流的时间序列 $\{x_i: i=1, 2, \cdots, N\}$，$x_i$ 为在 t_i 时刻所得到的数据，其中 t_1，t_2，$\cdots$，t_N 分别为 Δt，$2\Delta t$，$\cdots$，$N\Delta t$，Δt 为时间序列的时间间隔。通常时间序列的自相关函数定义为

$$c(\tau) = \frac{\sum_{i=1}^{N-\tau}(x_i - \bar{x})(x_{i+\tau} - \bar{x})}{\sum_{i=1}^{N}(x_i - \bar{x})^2} \tag{4-2}$$

其中，$\tau \in (1, 2, \cdots, N-1)$ 为时间延迟，$x_i + \tau$ 为 $t_{i+\tau}$ 时刻所得到的数据，$\bar{x} = \frac{1}{N}\sum_{n=1}^{N} x_n$ 为 x_i 的平均值。

参照文献［12］，取一个合理的经验值为 1－1/c，也就是当式(4-1) 结果小于或等于 1－1/e 时，对应的 τ 值即为时间延迟。自相关函数下降到初始值的 1－1/e 时的时间。

3. 嵌入维数

关于重构嵌入维数 m 的选择有多种方法，选用改进的虚假邻近点法（RFNN）[16,17] 用于选择 m。改进的虚假邻近点法确定最佳嵌入维数的主要步骤如下。

对一组长为 N 的实测时间序列 $\{x_n\}_{n=1}^{N}$，由 $x_n = [x_n, x_{n-\tau}, \cdots, x_{n-(m-1)\tau}]$ 可构造出 m 维状态向量：

$$x_n = [x_n, x_{n-\tau}, \cdots, x_{n-(m-1)\tau}] in\ R^m,\ n = N_0, N_0+1, \cdots, N \tag{4-3}$$

其中，$N_0 = (m-1)\tau + 1$，τ 是延迟时间间隔。

类似虚假最近邻点法的思想，定义：

$a(n, m) = \mathrm{d}_{\mathrm{infinity}}^{(m+1)} / \mathrm{d}_{\mathrm{infinity}}^{(m)}$，式中采用 $\mathrm{L}_{\mathrm{infinity}}$ 范数（无限范数），$\mathrm{L}_{\mathrm{infinity}}$ 范数是指最大的分量差，即 $d_{\mathrm{infinity}}^{(m)} = \max\limits_{0 \leqslant i \leqslant m-1} |x_{h+i\tau} - x_{l+i\tau}|$。

记所有 a（n，m）关于 n 的均值为

$$E(m) = \frac{1}{N - N_0 + 1}\sum_{n=N_0}^{N} a(n,m) \tag{4-4}$$

为了研究嵌入维数由 m 变为 $m+1$ 时相空间的变化情况，定义：

$$E_1(m) = E(m+1)/E(m)$$

如果当 m 大于某个 m_0 时，E_1（m）停止变化，则 $m_0 + 1$ 就是重构相空间的最小嵌入维数。

4. 计算最大 Lyapunov 指数

1）介绍的重构相空间技术，重构的矢量点集为

$$X_n(m,\tau) = [x_n, x_{n+\tau}, \cdots, x_{n+(m-1)\tau}]$$

其中，$n = 1, 2, \cdots, N_m$，$N_m = N - (m-1)\tau$，$\tau = i\Delta t$ 为时间延迟，

Δt 为采样间隔，i 为整数。

2）得到 $k\Delta t-\bar{d}$（k）关系曲线

① 找相空间中每个点 $X_i(m,\ \tau)$ 的最临近点 $X_j(m,\ \tau)$，并满足短暂分离条件，即

$$d_i(0)=\|X_i,X_j\|=\left[\sum_{l=0}^{m-1}(x_{i+l\tau}-x_{j+l\tau})^2\right]^{\frac{1}{2}} \tag{4-5}$$

其中，$d_i(0)$ 为最临近点对之间的距离，$|i-j|>P$。

② 对相空间中每个点 $X_i(m,\ \tau)$，计算出该邻近点对的 k 个离散时间步后的距离 $d_k(k)$：

$$d_k(k)=\|X_{i+k},X_{j+k}\|=\left[\sum_{l=0}^{m-1}(x_{i+k+l\tau}-x_{j+k+l\tau})^2\right]^{\frac{1}{2}} \tag{4-6}$$

其中，$i=1,\ 2,\ \cdots,\ \min(N_m-i,\ N_m-j)$。

③ 对每个 k，求出所有 i 的 $\ln d_i(k)$ 的平均 $\bar{d}$（k），即 $\bar{d}(k)=\frac{1}{q}\sum_{i=1}^{q}\ln d_i(k)$，其中 q 是非零 $d_k(k)$ 数目。

3）通过 $k\Delta t-\bar{d}$（k）曲线的直线段斜率计算出最大 Lyapunov 指数 $\lambda_{\max}$。

① 用最小二乘法拟合出 $k\Delta t-\bar{d}$（k）曲线直线段的斜率，即

$$K=\frac{\sum_{k=1}^{N_k}\left\{\left[k-\frac{\sum_{k=1}^{N_k}k}{N_k}\right]\left[\bar{d}(k)-\frac{\sum_{k=1}^{N_k}\bar{d}(k)}{N_k}\right]\right\}}{\sum_{k=1}^{N_k}\left[k-\frac{\sum_{k=1}^{N_k}k}{N_k}\right]^2} \tag{4-7}$$

其中，N_k 为 $q=0$ 对应的前一个 k 值。

② 最大 Lyapunov 指数的估计值为

$$\lambda_{\max}=k/\Delta t \tag{4-8}$$

4.1.2　应用实例

根据上述计算方法，对不同占空比和不同频率的交流方波埋弧焊

电流信号进行最大 Lyapunov 指数计算。

从图 4-1 中可以看出：① 在不同焊接参数下交流方波埋弧焊系统最大 Lyapunov 指数均为正值，证明了焊接过程处于混沌状态。② 不同焊接电流波形参数下，最大 Lyapunov 指数可以用来定量表征交流方波埋弧焊系统的稳定性，当焊接电流频率较大时，相应计算的最大 Lyapunov 指数较小，系统处于稳定状态；当焊接电流频率较小时，相应计算的最大 Lyapunov 指数较大，系统处于不稳定状态，焊接电流频率和焊接过程稳定性成负相关关系；电流占空比为 0. 5 时，计算的最

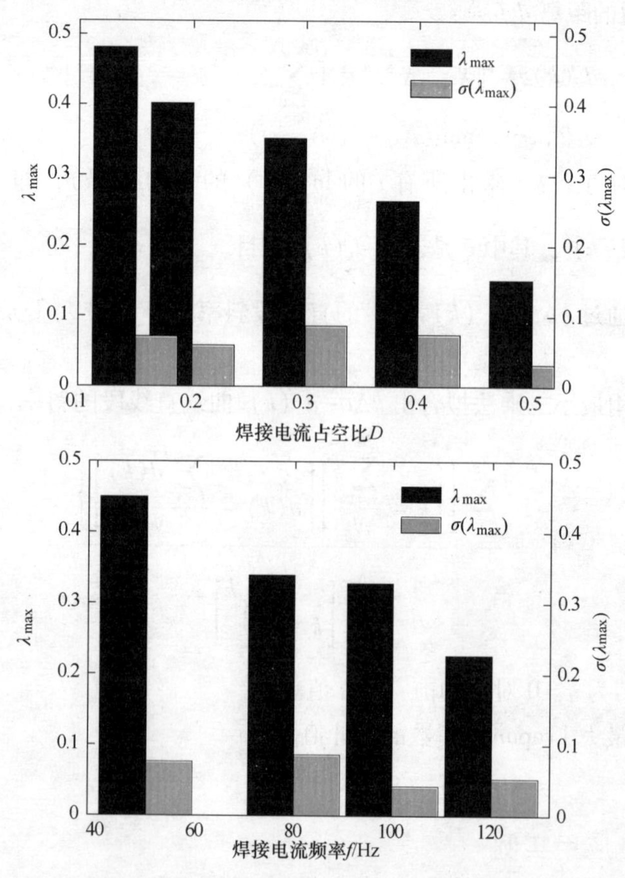

图 4-1 不同占空比和频率下交流方波埋弧焊电流信号最大 Lyapunov 指数计算结果

大 Lyapunov 指数最小，系统处于最佳稳定状态。③ 验证了焊接电流信号作为非线性时间序列蕴含了丰富的焊接物理信息，利用现代信号分析技术能进一步有效提取反映焊接质量的信息。

4.2　小波分析

4.2.1　理论及算法[18,19]

小波分析是继傅里叶分析之后的一种新型信号分析方法，与傅里叶变换相比，它具有良好的时频局部分析特性和多尺度分析特性，被看成是数学领域半个世纪以来的工作结晶，因为具有多分辨率的特征，而且在时域和频域都具有表征信号局部特征的能力，被誉为数学显微镜或信号分析的显微镜。小波分析技术凭借多尺度分析和时频联合分析的优势，已在焊接领域中得到了应用。

设给定基本函数为 $\psi(t)$，令

$$\psi_{a,b}(t)=\frac{1}{\sqrt{a}}\psi\left(\frac{t-b}{a}\right) \tag{4-9}$$

式（4-9）中的 a，b 均为常数，且 $a>0$。$\psi_{a,b}(t)$ 函数是基本函数 $\psi(t)$ 先作平移再作伸缩以后得到的，若 a，b 不断地变化，可得到一组基函数 $\psi_{a,b}(t)$。对于能量有限信号 $x(t)$，即 $x(t)\in L^2(R)$，则 $x(t)$ 的小波变换（Wavelet Transform，WT）定义为

$$WT_x(a,b)=\frac{1}{\sqrt{a}}\int x(t)\psi^*\left(\frac{t-b}{a}\right)\mathrm{d}t=\int x(t)\psi_{a,b}{}^*(t)\mathrm{d}t=\langle x(t),\psi_{a,b}(t)\rangle \tag{4-10}$$

由于式（4-10）中的变量 a、b、t 均为连续变量。因此，式（4-10）又称为连续小波变换。式中的积分范围均为 $-\infty$ 到 $+\infty$。信号 $x(t)$ 的小波变换 $WT_x(a,b)$ 是 a 和 b 的函数，其中 a 为尺度因子，又称伸缩因子或压扩因子，b 为平移因子或时移因子。$\psi(t)$ 称

为基本小波，或称母小波。$\psi_{a,b}(t)$ 是母小波经位移和压扩所产生的一组函数，称之为小波基函数，或简称小波基。式（4-10）表达的小波变换 $WT_x(a,\ b)$ 可以解释为信号$x(t)$ 和一组小波基函数的内积。基本小波 $\psi(t)$ 可以是实函数，也可是复函数。而小波变换幅的平方则是一种能量分布，即

$$|WT_x(a,b)|^2 = \left|\frac{1}{\sqrt{a}}\int x(t)\psi^*\left(\frac{t-b}{a}\right)\mathrm{d}t\right|^2 = \left|\int x(t)\psi_{a,b}{}^*(t)\mathrm{d}t\right|^2 \tag{4-11}$$

式（4-11）为信号的尺度图，它是随着平移因子 b 和尺度因子 a 而变化的能量分布，而不是随 t 和 ω 变化的能量分布。

设信号 $x_1(t)$，$x_2(t)$，函数 $\psi(t)\in L^2(R)$，则小波变换的内积定理可以表示为

$$\int_0^{+\infty}\int_{-\infty}^{+\infty} WT_{x_1}(a,b)WT_{x_2}^*(a,b)\frac{\mathrm{d}a}{a^2}\mathrm{d}b = C_\psi\langle x_1(t),x_2(t)\rangle \tag{4-12}$$

其中 C_ψ为

$$C_\psi = \int_0^{+\infty}\frac{|\Psi(\omega)|^2}{\omega}\mathrm{d}\omega < +\infty \tag{4-13}$$

$\Psi(\omega)$ 为 $\psi(t)$ 的傅里叶变换。式（4-13）称为容许条件或相容性条件，式（4-13）又称为小波变换中的 Parseval 定理。将式(4-12) 改写为更简单的形式：

$$a^{-2}\langle WT_{x_1}(a,b),WT_{x_2}(a,b)\rangle = C_\psi\langle x_1(t),x_2(t)\rangle \tag{4-14}$$

设 $x_1(t)=x_2(t)=x(t)$，得

$$\int_{-\infty}^{+\infty}|x(t)|^2\mathrm{d}t = \frac{1}{C_\psi}\int_0^{+\infty}\int_{-\infty}^{+\infty}a^{-2}|WT_x(a,b)|^2\mathrm{d}a\mathrm{d}b \tag{4-15}$$

式（4-15）表明，小波变换的幅平方在尺度—位移平面上的加权积分等于信号在时域的总能量，因此，小波变换的幅平方可以看作是信号能量时频分布的一种表达形式。

定理：设 $x(t)$，$\psi(t)\in L^2(R)$，$\Psi(\omega)$ 为 $\psi(t)$ 的傅里叶变换，

若容许条件 $C_{\psi} = \int_{0}^{+\infty} \frac{|\Psi(\omega)|^2}{\omega} \mathrm{d}\omega < +\infty$ 成立，则 $x(t)$ 可由其小波变换来恢复

$$x(t) = \frac{1}{C_{\psi}} \int_{0}^{+\infty} a^{-2} \int_{-\infty}^{+\infty} WT_x(a,b)\psi_{a,b}(t)\,\mathrm{d}a\mathrm{d}b \tag{4-16}$$

式（4-16）就是小波变换后重建信号的理论基础，由于计算机只能处理离散信号，相应的小波变换应离散化。通常对 a 的离散化是采用幂级数的方法来逐级改变的，故令 $a = (a_0)^j$，$a_0 > 0$，$b = kb_0(a_0)^j$，$j \in Z$，通常设 $a_0 > 1$，所以对应的离散小波基函数为

$$\psi_{j,k}(t) = \frac{1}{\sqrt{a_0^{\,j}}} \psi\left(\frac{t - ka_0^j b_0}{a_0^j}\right) = a_0^{-j/2}\psi(a_0^{-j}t - kb_0) \tag{4-17}$$

离散化小波变换的系数可表示为

$$C_{j,k} = \int_{-\infty}^{+\infty} x(t)\psi_{j,k}^{*}(t)\,\mathrm{d}t = \langle f, \psi_{j,k} \rangle \tag{4-18}$$

信号的重构公式为

$$x(t) = C \sum_{j=-\infty}^{+\infty} \sum_{k=-\infty}^{+\infty} C_{j,k}\psi_{j,k}(t) \tag{4-19}$$

其中，C 是一个与信号无关的常数，式（4-17）、式（4-18）和式（4-19）就组成了离散化的小波变换和小波逆变换的公式，也是计算机进行离散化处理的理论基础。

如何选择常数 a_0 和 b_0 才能保证信号重构的精度呢？显然，常数 a_0 和 b_0 越小，对应的网格越密，信号重构的精度越高，反之，则信号的重构精度就越低。小波离散化的本质实际上是在尺度因子 a 和平移因子 b 组成的平面上进行的离散化。为了使小波变换具有可变化的时间和频率分辨率、适应信号的非平稳性，需要改变尺度因子 a 和平移因子 b 的大小，使小波变换具有变焦距的功能。实际上是采用动态的采样网格，最常用的就是二进制的动态采样网格。设 $a_0 = 2$ 和 $b_0 = 1$，则网格对应的尺度为 2^j，平移为 $2^j k$，于是小波基函数变为

$$\psi_{j,k}(t) = 2^{-j/2}\psi(2^{-j}t - k), j,k \in Z \tag{4-20}$$

式（4-20）称二进小波，设$\psi_{j,k}(t)\in L^2(R)$，$\psi_{j,k}(t)$的傅里叶变换为$\Psi(\omega)$，存在常数A，B，且$0<A<B<+\infty$使得稳定条件成立，即

$$A\leqslant\sum_{j\in Z}|\Psi(2^{-j}\omega)|^2\leqslant B \tag{4-21}$$

二进小波变换可表示为

$$WT_{2^j}x(k)=\frac{1}{2^j}\int_R x(t)\psi^*(2^{-j}t-k)\mathrm{d}t=\langle x(t),\psi_{2^j}(k)\rangle \tag{4-22}$$

信号的重构表达式为

$$x(t)=\sum_{j=-\infty}^{+\infty}WT_{2^j}x(k)*\psi_{2^j}(t)=\sum_{j=-\infty}^{+\infty}\int WT_{2^j}x(k)\psi_{2^j}(2^{-j}t-k)\mathrm{d}k \tag{4-23}$$

4.2.2 常用小波

在小波变换过程中，可用的小波函数有多种，常见的小波函数有Haar小波函数、Mexihat小波函数、gaussian小波函数、Morlet小波函数、Meyer小波函数、Daubechies小波函数，也称db小波函数、Coiflets小波函数、双正交bior小波函数等。图4-2所示为Haar小波函数，是数学家Haar于1910年提出的正交函数集，它是小波分析中最早用到的、也是最简单的正交小波函数，它是［0，1］范围内的矩形波。其定义为

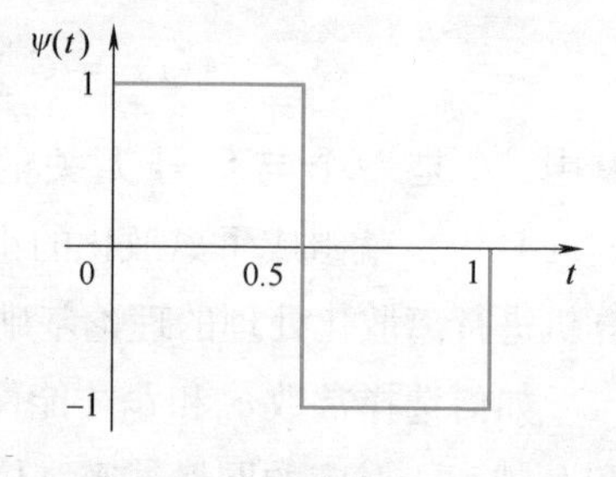

图4-2　Haar小波函数

$$\psi(t)=\begin{cases}1 & 0\leqslant t<1/2\\ -1 & 1/2\leqslant t<1\\ 0 & 其他\end{cases} \tag{4-24}$$

Mexihat小波中文名又称为墨西哥草帽小波，也称Maar小波，如图4-3所示，其定义为

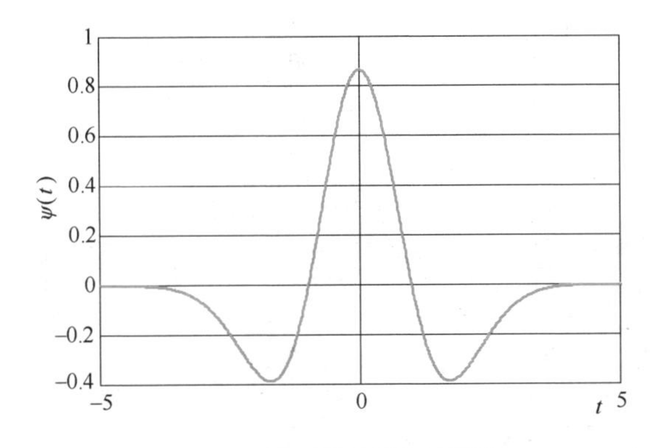

图 4-3　墨西哥草帽小波函数

$$\psi(t)=c(1-t^2)e^{-t^2/2} \tag{4-25}$$

式中 $c=\frac{2}{\sqrt{3}}\pi^{1/4}$，墨西哥草帽小波不是紧支撑的，也不是正交的，但它是对称的，可用于连续小波变换，如常用于计算机视觉中的图像边缘监测。

高斯小波是由一基本高斯函数对时间求导数而得到的，如图 4-4、图 4-5 所示，其定义为

$$\psi(t)=c\frac{d^k}{dt^k}e^{-t^2/2}\quad(k=1,2,\cdots 8) \tag{4-26}$$

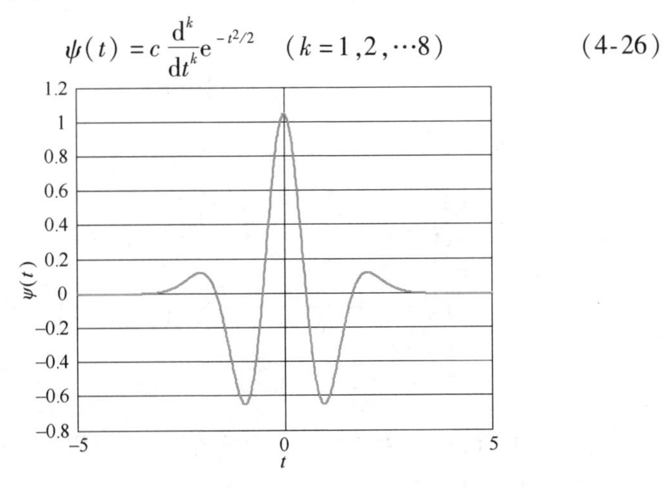

图 4-4　叉数为 $k=4$ 的高斯小波函数

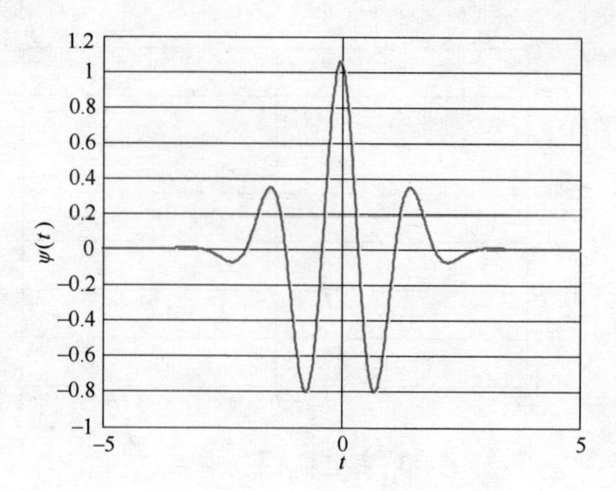

图 4-5　叉数为 $k=8$ 的高斯小波函数

其中 c 为定标常数，用来保证 $|\psi(t)|^2=1$。该小波不是正交的，当 k 取偶数时，$\psi(t)$ 偶对称；当 k 取奇数时，$\psi(t)$ 为反对称。

Morlet 小波是一个具有高斯包络的单频率复正弦函数，如图 4-6 所示，其定义为

$$\psi(t)=\mathrm{e}^{-t^2/2}\mathrm{e}^{j\omega_0 t} \tag{4-27}$$

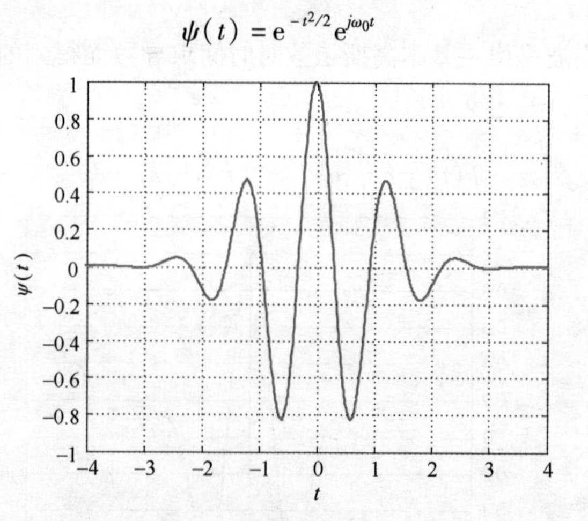

图 4-6　Morlet 小波函数

由于考虑到待分析的信号为实信号，所以在 MATLAB 中将式（4-27）修改为

$$\psi(t) = e^{-t^2/2}\cos\omega_0 t \tag{4-28}$$

并且取 $\omega_0 = 5$。Morlet 小波不是正交的，也不是双正交的，该小波是对称的，常用于连续信号变换，是一种应用较为广泛的小波。

Meyer 小波是 Meyer 于 1986 年提出的，如图 4-7 所示，该小波无时域表达式，它是由一对共轭正交镜像滤波器组的频谱来定义的，它是正交的、双正交的。除上述常用小波外，另外还有 Daubechies 小波，也称 db 小波，Coiflets 小波、双正交 bior 小波等，它们都是常用的小波。

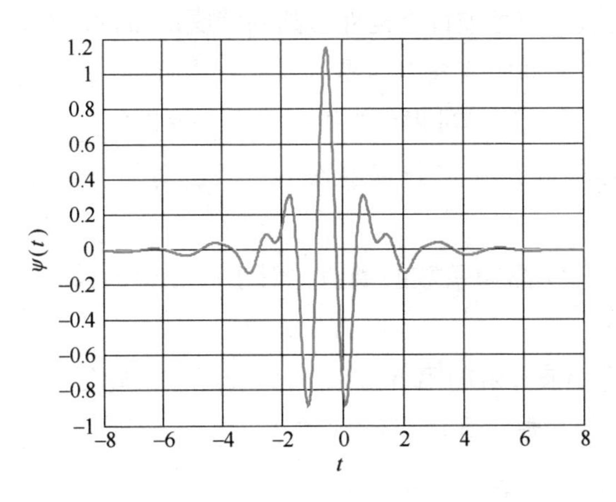

图 4-7　Meyer 小波函数

4.2.3　应用实例

1. 电弧信号的小波消噪

一个含噪声的一维信号序列的模型可表示为

$$x(n) = x_0(n) + \sigma e(n) \tag{4-29}$$

式中　$x(n)$——含噪声的信号；

$x_0(n)$——有用信号；

σ——噪声水平；

$e(n)$——高斯白噪声。

实际焊接过程中，采集到的动态电弧信号一般分为两个部分：一部分是有用的信号，通常表现为低频或是一些比较平稳的信号，如电源输出的直流电流、电压或交流方波电流、电压信号；另一部分为干扰信号，如焊接电源中 IGBT 的开关噪声、电磁噪声、环境噪声等。其中干扰信号的存在会覆盖有用信号的特征，所以必须对采集的电弧信号进行消噪处理。电弧信号的含噪声信号的上述特点为利用小波分析消噪提供了前提条件，对信号进行小波分解时，含噪声部分主要包含在高频小波系数中，因而，可以应用门限阈值等形式对小波系数进行处理，然后对信号进行重构即可达到消噪的目的。对信号 $x(n)$ 消噪的目的就是要抑制信号中的噪声部分，从而在 $x(n)$ 中恢复出真实信号 $x_0(n)$。小波消噪过程可按下面三个步骤进行：

1）选择小波并确定分解层次 N，然后对信号 $x(n)$ 进行 N 层分解。

2）选择每层高频系数的阈值，对小波分解的高频系数进行阈值量化处理。

3）根据小波分解的第 N 层的系数和经过量化处理后的第一层到第 N 层的高频系数，进行信号的重构。

按上述方法，选择 Daubechies 小波族中的 db2 小波，进行 2 层小波分解，在 MATLAB 语言平台上编写小波消噪程序对采集到的一组交流方波电弧电流、电压信号进行消噪处理。图 4-8 所示为对采样的电流、电压信号进行小波消噪处理前后的波形图。可以看出，无论是正常稳定焊接时电压、电流波形还是发生突变时的电压、电流波形，其叠加在原信号上的干扰信号经小波消噪后，基本上被有效地滤除掉，交流方波过零点时信号波形突变没有失真，信号波形整体上变得更加清晰。应用小波消噪，可以去除叠加在有用信号中的噪声，提高对焊接缺陷识别的准确度，有利于分析电弧信号稳定性对焊缝成形影响的规律。

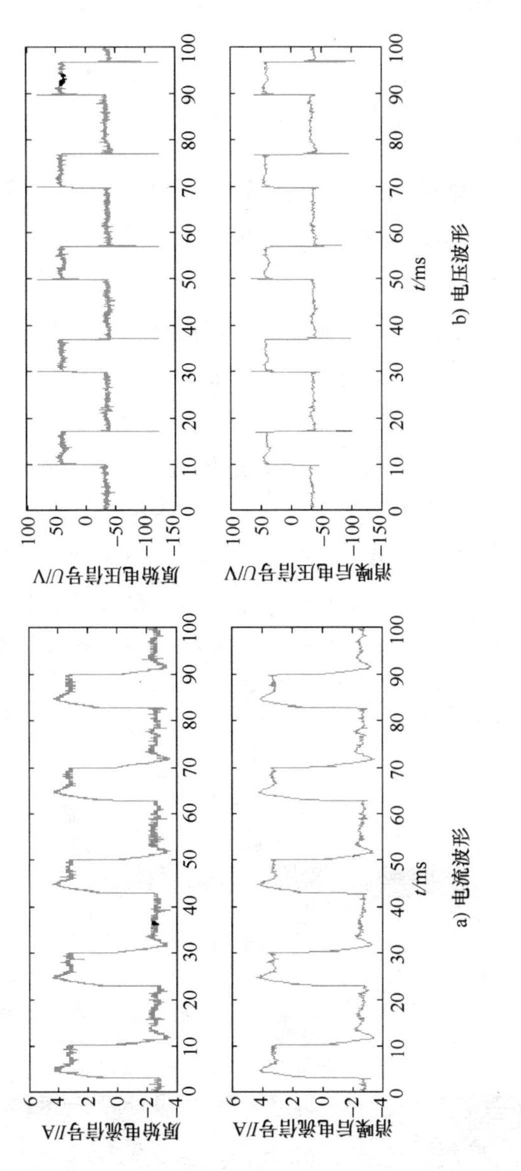

图 4-8　小波消噪处理前后的焊接电流、电压波形

2. 埋弧焊过程动态监测

为了消除焊接过程电信号中的高频干扰，根据前面介绍的小波消噪方法，对采集到的埋弧焊过程电信号进行滤波处理，可在消除信号噪声的同时，较好地保持信号的突变部分不失真，进而实现焊接过程动态监测。

试验条件：单电弧直流堆焊试验，MZ2000 逆变式埋弧焊电源，低碳钢板，板厚 15mm，ϕ4mm 的焊丝，焊丝牌号 H08A，HJ431 焊剂，焊丝伸出长度 30mm，堆焊方法。

在该试验条件下，进行电弧电流给定突变工艺试验，即焊接过程中给定焊接电压 40V、焊接速度 0.8m/min，焊接电流给定值由 450A 改变为 600A。图 4-9 所示为小波处理后的一个完整的电弧突变电弧电流、电压信号，从图中可以清晰地看出焊接过程包括两个平台部分，两个平台中的电流非常稳定，前一个平台的电流大致在 450A 附近，后一个平台的电流大致在 600A 附近，从前一个平台突变到后一个平台的时间非常短暂，图 4-9 清晰地显示了焊接的完整过程，对应的焊缝外观如图 4-10 所示，整条焊缝表面光滑，边缘整齐，但在电弧突

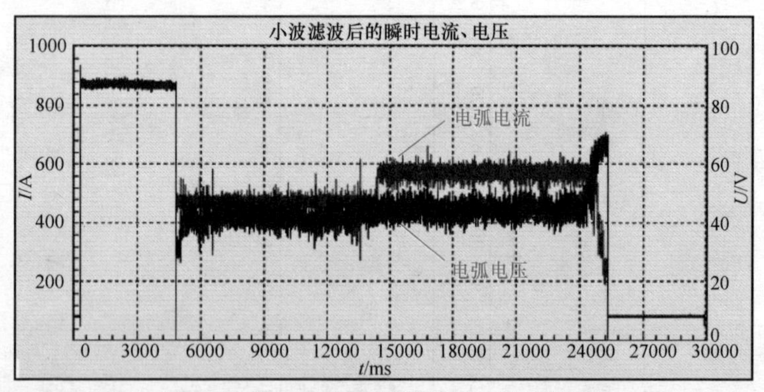

图 4-9 给定电流突变时电流与电压的波形

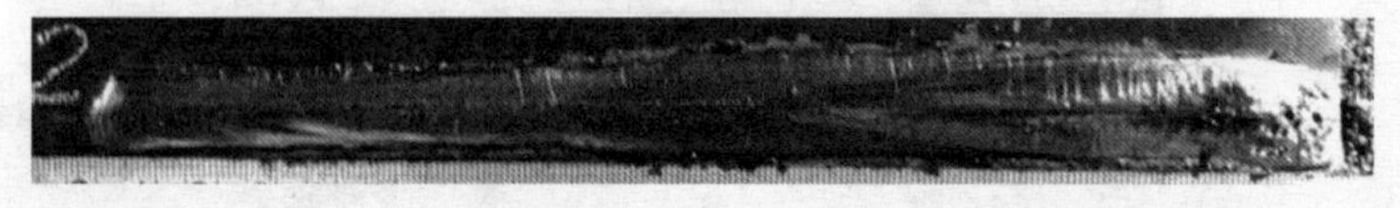

图 4-10 焊接过程电弧电流突变对应焊缝外观

变前后，焊缝熔宽随着电流、电压增大而变宽。图 4-11 和图 4-12 分别显示了突变过程中电弧能量和动态电阻的变化关系，图 4-11 清晰地显示了电弧能量的整个变化过程，起弧时能量由小到大，在突变前，能量大致保持在 20kW 左右，突变后电弧能量上了一个台阶，大致维持在 24kW 左右，前后两个平台相差约 4kW 左右，由于电弧自身的特点，图 4-11 中的能量曲线并不光滑，其中含有丰富的毛刺，这是电弧自身特征所决定的。图 4-12 清晰地显示了动态电阻的整个变化过程，在突变前，动态电阻略低于 0. 1Ω，突变时动态电阻略下降。

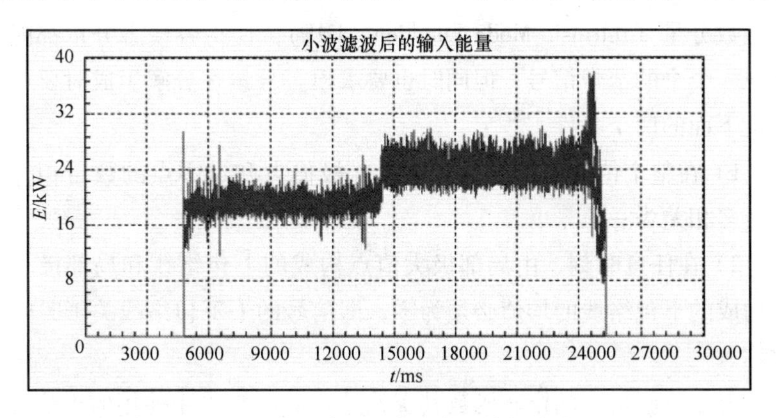

图 4-11　给定电流突变时电弧能量的波形

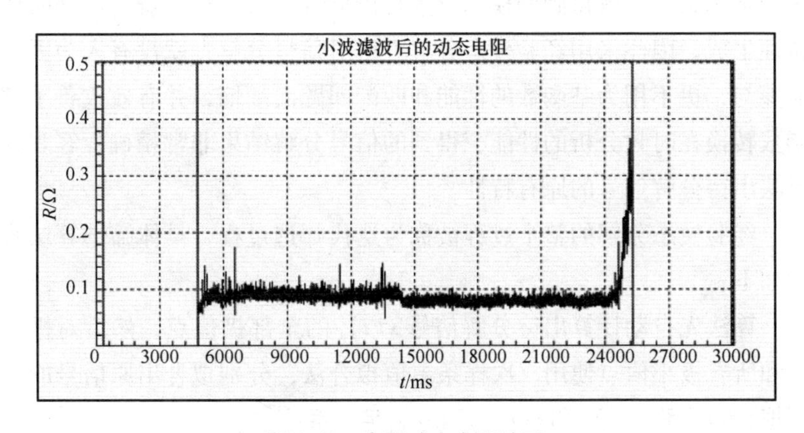

图 4-12　电弧动态电阻波形

4.3 EMD 方法

4.3.1 理论与算法

经验模态分解（EMD）方法是一种全新的信号时频分析方法，它是利用信号内部时间尺度的变化做能量与频率的解析，可以将非线性、非平稳态的信号自适应的分解为有限数目的线性、稳态的本征模态函数分量（Intrinsic Mode Function，IMF），使得各模态分量都能分解成一个个的窄带信号，但同时也要求模态分量在分解生成时要严格满足下面的两个条件[20-22]：

1）在整个待分解信号的长度上，极值点和过零点的数目相等或者最多相差为一。

2）在任意时刻，由局部极大值点构成的上包络线和局部极小值点构成的下包络线的均值必须为零，即信号的上下包络线关于时间轴对称。

上面分解得到的模态函数其实就是 Fourier 变换中使用的正弦或余弦的基函数，分解得到的模态分量是依据待分解信号自身的局部时变特性生成，因此采用经验模态分解方法对信号分解，就没有人为因素的参与，更不用为基函数的性能和匹配问题而烦恼，并有效改善了基函数转换在时频分析的性能，得到的信号分解结果非常精确、客观地反映出待分解信号的原有特性。

经验模态分解的整个过程被称为迭代筛选过程，具体筛选算法步骤如下：

算法先自动计算出待分解信号 $x(t)$ 的全部极值点，然后对极大值和所有极小值点使用三次样条差值拟合法，分别拟合出原信号的上下拟合包络线 $u(t)$ 和 $v(t)$，两者满足关系：

$$v(t) \leqslant x(t) \leqslant u(t) \tag{4-30}$$

则上、下包络线的平均曲线 $m(t)$ 为

$$m(t)=\frac{1}{2}[u(t)+v(t)] \tag{4-31}$$

在理论上，用 $x(t)$ 减去 $m(t)$ 后剩余部分就是一个模态函数，用 $h_1(t)$ 表示，即

$$h_1(t)=x(t)-m(t) \tag{4-32}$$

实际应用计算时，三次样条包络拟合线的样条逼近会有过冲和欠冲现象的出现，难免会使新生成的极值点影响原本信号的极值的位置和大小，而实际意义下的经验模态分解中并没有完全满足模态函数生成的两个条件。为了得到满足要求的模态函数，进一步用 $h_1(t)$ 代替 $x(t)$，与 $h_1(t)$ 相应的上、下包络线为 $u_1(t)$ 和 $v_1(t)$，重复上述过程，即

$$m_1(t)=[u_1(t)+v_1(t)]/2 \tag{4-33}$$

$$h_2(t)=h_1(t)-m_1(t) \tag{4-34}$$

$$m_{k-1}(t)=[u_{k-1}(t)+v_{k-1}(t)]/2 \tag{4-35}$$

$$h_k(t)=h_{k-1}(t)-m_{k-1}(t) \tag{4-36}$$

直到所有的 $h_k(t)$ 满足模态函数条件，此时分解得到了第一个模态分量，即 $c_1(t)$ 和分解余下的部分 $r_1(t)$，可以表示如下

$$c_1(t)=h_k(t) \tag{4-37}$$

$$r_1(t)=x(t)-c_1(t) \tag{4-38}$$

将分出第一个模态分量之后余下的部分 $r_1(t)$ 重新使用经验模态分解方法进行分解筛分，分解到最后的结果应该是使余下部分的信号为单调函数或者是小于某一预先设定值，这时待分解信号分解完，得到的全部模态函数和余量表示见下式

$$\left.\begin{array}{r} r_1-c_2=r_2 \\ \vdots \\ r_{n-1}-c_n=r_n \end{array}\right\} \tag{4-39}$$

此时，原待分解信号 $x(t)$ 可以表示为用模态函数和余量简化，

表示如下

$$x(t) = \sum_{i=1}^{n} c_i(t) + r_n(t) \tag{4-40}$$

在进行以筛分为本质的经验模态分解时，满足前述模态分量的第一个筛选条件，能有效除去附加干扰波的影响；而第二个条件常常很难做到，所以在实际使用中，必须采用一定的筛分标准来使筛分过程完成，Huang 等人在算法使用中是采用一个人为限制的标准差 S 来完成筛分过程，标准差可以表示为

$$S = \sum_{k=1}^{n} \left[\left| h_{1(k-1)}(t) - h_{1k}(t) \right|^2 / h_{1(k-1)}^2(t) \right] \tag{4-41}$$

式中 S 值一般被设置为0.2～0.3，当然也可设定筛选得到的上下包络均值为标准来确定是否终止经验模态分解的筛分过程。

在经验模态分解的筛分过程中，筛分度量是以信号极值特征，将信号从最小的尺度开始筛分，首先得到频率最高、周期最短的模态分量，接下来，信号被一层一层地筛分，得到了频率逐渐减小而周期不断变大的一系列模态分量，上述筛分过程也可以理解为信号的多分辨分析滤波。

4.3.2 应用实例

对采集到的一组交流方波埋弧焊电流信号 $x(t)$ 进行 EMD 分解，结果如图4-13 所示。从图4-13 中可以看出，EMD 分解得到的 IMF 分量 C_1、C_2、…、C_{10}对应信号从高到低不同频率成分，每个 IMF 分量表现信号内的真实物理信息。这样可以通过 EMD 分解，可方便地选取有效的 IMF 分量进行后续分析与处理。由于实际焊接电源工作在强干扰、高压、大电流的复杂恶劣环境中，存在功率开关管的高频切换、整流二极管的冲击、外界辐射等众多干扰因素，不仅使得焊接电源本身实际输出的电流、电压波形存在畸变，而且现场采集到的信号充满了高频噪声信号，采用 EMD 将信号分解成若干个 IMF，对分解

得到的包含高频成分的 IMF 进行剔除，可有效消除高频噪声信号。

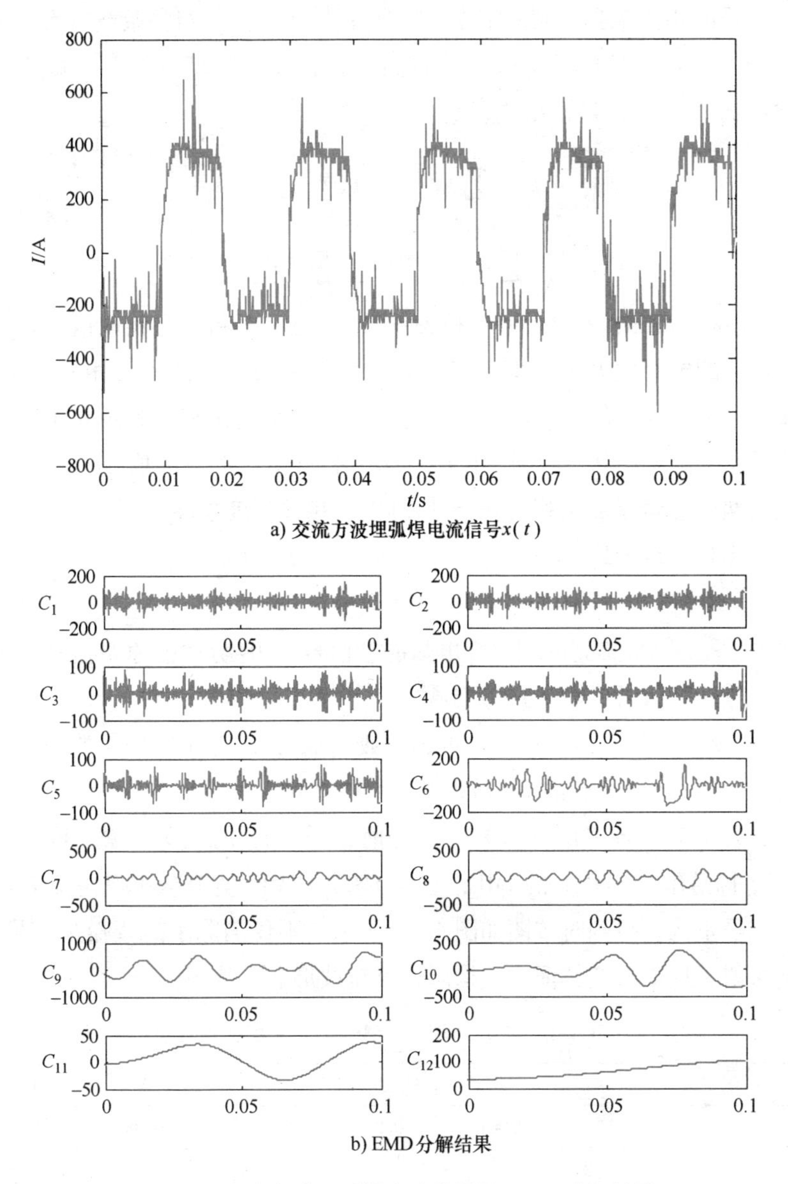

a) 交流方波埋弧焊电流信号$x(t)$

b) EMD分解结果

图 4-13 交流方波埋弧焊电流信号及 EMD 分解结果

函数 IMF 与原始信号相关性的大小，并以各个 IMF 与 EMD 分解前信号的相关系数为判断依据，选取有效 IMF 集，相关系数越大，说明 IMF 含原信号中的有效成分越高。其相关性计算及判断准则由式(4-42)、式（4-43）组成[23]。

$$r = \frac{\sum_{i=1}^{n}(X_i - \overline{X})(Y_i - \overline{Y})}{\sqrt{\sum_{i=1}^{n}(X_i - \overline{X})^2}\sqrt{\sum_{i=1}^{n}(Y_i - \overline{Y})^2}} \tag{4-42}$$

r 表示变量序列 X、Y 的相关系数，r 在 -1 和 1 之间取值。相关系数 r 的绝对值大小（即 $|r|$），表示两个变量之间的直线相关强度；相关系数 r 的正负号，表示相关的方向，分别是正相关和负相关；若相关系数 $r=0$，称零线性相关，简称零相关；相关系数 $|r|=1$ 时，表示两个变量是完全相关。$|r|$ 值越大，相关程度越高。

满足选取 IMF 的条件为

$$r_i \geqslant \lambda \tag{4-43}$$

式中 r_i——采集到的埋弧焊电弧能量信号 EMD 分解前原始信号与第 i 个 IMF 的相关系数；

λ——绝对值小于 1 的可选常数（通常 $\lambda<0.1$ 时信号的相关性已经非常小，故取 $0.1\leqslant\lambda<1$）。

表 4-1 为各 IMF 与 EMD 分解前信号 $x(t)$ 的相关系数，取 $\lambda=0.1$，即选取 $r_i>0.1$ 的 IMF，选取 $IMF_6 \sim IMF_{10}$ 为有效 IMF 集，并进行信号重构，得到时域图如图 4-14 所示，不仅消除了高频噪声信号，还保留了局部畸变特征，重构后的电流波形非常清晰。

表 4-1 各个 IMF 与信号 $x(t)$ 的相关系数

IMF	1	2	3	4	5	6
r_i	0.071	0.061	0.06	0.067	0.08	0.112
7	**8**	**9**	**10**	**11**	**12**	
0.212	0.806	0.104	0.312	0.072	0.047	

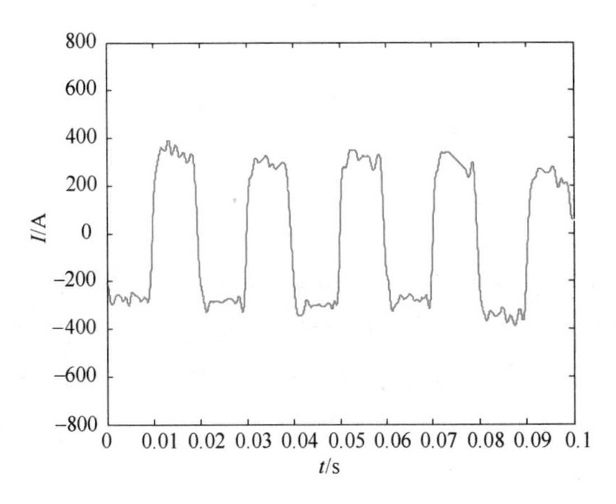

图 4-14　交流方波埋弧焊电流信号 EMD 分解后重构的时域图

4.4　LMD 方法

4.4.1　理论与算法

LMD 是一种新的自适应时频分析方法，最先由 Jonathan S. Smith 提出，将其应用于脑电图的信号处理并获得了较好的效果[24]。LMD 方法自适应地将一个复杂得多分量信号分解为若干个瞬时频率具有物理意义的 PF（Product Function）分量之和，其中每一个 PF 分量由一个包络信号和一个纯调频信号相乘而得到，LMD 方法可根据信号自身的特点，自适应地选择频带，确定信号在不同频带的分辨率，提高了提取有效信息的准确性，非常适合多分量的非线性、非平稳信号，已应用于焊接领域[8]。

LMD 实质上是一个将多分量的信号分解为一系列的单分量信号的解调过程。对于任意信号 $x(t)$，其分解过程如下：

1）首先确定待分解信号 $x(t)$ 的全部局部极值点 n_i，利用式（4-44）和式（4-45）计算相邻两个极值点 n_i 和 n_{i+1} 的局部均值

m_i 和局部包络估计值 a_i

$$m_i = \frac{n_i + n_{i+1}}{2} \tag{4-44}$$

$$a_i = \frac{|n_i - n_{i+1}|}{2} \tag{4-45}$$

2）将计算所得全部相邻的局部均值 m_i 以及局部包络估计值 a_i 用折线相连，再对其进行滑动平均处理，最终得到光滑的局部均值函数 $m_{11}(t)$ 和包络估计函数 $a_{11}(t)$。取最长局部均值的三分之一为滑动平均的跨度，如何确定滑动跨度是 LMD 算法应用的关键问题。设原来的序列为 y（i），$i=1$，2，…，n，则对应的滑动平均的公式为

$$y_s(i) = \frac{1}{2N+1}[y(i+N) + y(i+N-1) + \cdots + y(i-N)] \tag{4-46}$$

其中，$2N+1$ 为滑动平均的跨度，滑动跨度要求必须是奇数。

在序列两端端点附近，应该适当减小滑动跨度，前提是不能超过序列的端点，比如跨度为 5 的滑动平均，在序列端点附近的定义如下：

$$y_s(1) = y(1)$$
$$y_s(2) = [y(1) + y(2) + y(3)]/3$$
$$y_s(3) = [y(1) + y(2) + y(3) + y(4) + y(5)]/5$$
$$y_s(4) = [y(2) + y(3) + y(4) + y(5) + y(6)]/5$$
$$\cdots$$

如果经过平滑处理之后，仍有相邻点为等值，则需要再次平滑，直到任意相邻两点不相等为止。

3）从原始信号 $x(t)$ 中分离出局部均值函数 $m_{11}(t)$，然后用包络估计函数 $a_{11}(t)$ 对分离后的信号进行解调，得到

$$h_{11}(t) = x(t) - m_{11}(t) \tag{4-47}$$

$$s_{11}(t) = h_{11}(t)/a_{11}(t) \tag{4-48}$$

理想情况下，$s_{11}(t)$ 应该为纯调频信号，也就是说它对应的包络

函数 $a_{12}(t)$ 应当满足条件 $a_{12}(t)=1$。若 $s_{11}(t)$ 不是纯调频信号，则将其作为原始信号重复之前的迭代过程，直到 $s_{1n}(t)$ 为纯调频信号为止，即 $s_{1n}(t)$ 的取值范围满足 $-1\leqslant s_{1n}(t)\leqslant 1$，并且其包络估计函数 $a_{1(n+1)}(t)$ 满足条件 $a_{1(n+1)}=1$。因此有

$$\begin{cases} h_{11}(t)=x(t)-m_{11}(t) \\ h_{12}(t)=s_{11}(t)-m_{12}(t) \\ \vdots \\ h_{1n}(t)=s_{1(n-1)}(t)-m_{1n}(t) \end{cases} \tag{4-49}$$

式中

$$\begin{cases} s_{11}(t)=h_{11}(t)/a_{11}(t) \\ s_{12}(t)=h_{12}(t)/a_{12}(t) \\ \vdots \\ s_{1n}(t)=h_{1n}(t)/a_{1n}(t) \end{cases} \tag{4-50}$$

迭代终止的条件为

$$\lim_{n\to+\infty} a_{1n}(t)=1 \tag{4-51}$$

在应用过程中，可以将迭代终止条件设为一个变动量 Δ，当其满足条件 $1-\Delta\leqslant a_{1n}(t)\leqslant 1+\Delta$ 时，迭代终止。

4）将迭代过程中产生的所有包络估计函数累乘即可得到瞬时幅值函数，即包络信号

$$a_1(t) = a_{11}(t)a_{12}(t)\cdots a_{1n}(t) = \prod_{q=1}^{n} a_{1q}(t) \tag{4-52}$$

5）将上一步所得包络信号 $a_1(t)$ 和已经求得的纯调频信号 $s_{1n}(t)$ 相乘即可得到第一层 PF 分量

$$PF_1(t)=a_1(t)s_{1n}(t) \tag{4-53}$$

该分量是一个单分量的调频-调幅信号，它对应于原始信号中包含的最高频的成分，包络信号 $a_1(t)$ 即为其瞬时幅值，其瞬时频率 $f_1(t)$ 可由 $s_{1n}(t)$ 经反余弦求得，即

$$f_1(t) = \frac{1}{2\pi}\frac{\mathrm{d}\{\arccos[s_{1n}(t)]\}}{\mathrm{d}t} \tag{4-54}$$

6）从原始信号 $x(t)$ 中分离出第一层 PF 分量 $PF_1(t)$，将得到的信号 $u_1(t)$ 作为新的原始信号重复之前的迭代过程 k 次，直到把原始信号对应的趋势分量 u_k 分离出来为止。

$$\begin{cases} u_1(t) = x(t) - PF_1(t) \\ u_2(t) = u_1(t) - PF_2(t) \\ \vdots \\ u_k(t) = u_{k-1}(t) - PF_k(t) \end{cases} \tag{4-55}$$

7）至此，原始信号 $x(t)$ 被分解为 k 个 PF 分量和一个趋势分量函数 u_k 之和，即

$$x(t) = \sum_{p=1}^{k} PF_p(t) + u_k(t) \tag{4-56}$$

针对目前局部均值分解算法容易产生相位差，使得分解结果失真等问题，将线性插值方法引入到 LMD 分解过程中，提出了基于线性插值的局部均值分解方法，具体过程为：首先用插值的方法由原始信号的上极值点和下极值点分别求上包络函数 $env_{\max}(t)$ 和下包络函数 $env_{\min}(t)$，然后由上下包络函数的均值求出局部均值函数 $m_i(t)$，由上包络减去下包络函数的绝对值的一半求出包络估计函数 $a_i(t)$，即

$$m_i(t) = \frac{env_{\max}(t) + env_{\min}(t)}{2} \tag{4-57}$$

$$a_i(t) = \frac{|env_{\max}(t) - env_{\min}(t)|}{2} \tag{4-58}$$

用以上二式代替原始 LMD 算法中利用滑动平均求解局部均值函数和包络估计函数的过程，即得到了基于插值法的局部均值分解。

4.4.2 应用实例

图 4-15 为一组试验得到的交流方波埋弧焊电流信号 $x(t)$ 及消噪后的结果，采用 LMD 对它进行分解，结果如图 4-16 所示。

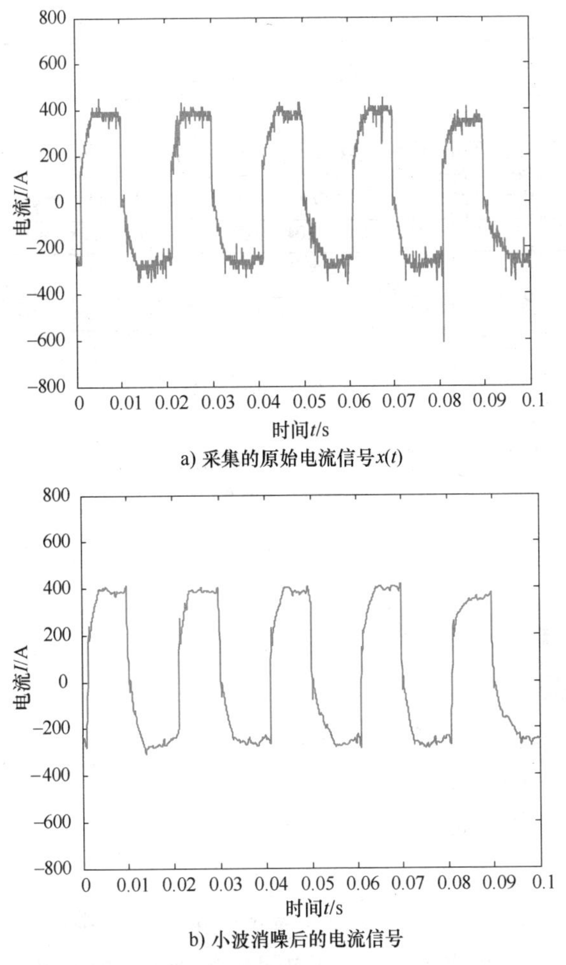

a) 采集的原始电流信号$x(t)$

b) 小波消噪后的电流信号

图 4-15　采集的交流方波埋弧焊电流信号 $x(t)$ 及消噪后的结果

从图 4-16 中可以看出，LMD 分解得到的 PF 分量 PF_1，PF_2，…，PF_5 对应信号从高到低不同频率成分，其中单调函数 u_5 为规则的交流方波，每个 PF 分量代表了不同频率的交流方波电流波形畸变成分及幅值在时间特征尺度上的变化，使原始信号特征在不同的分辨率下显露出来。这样通过对分解的 PF 分量集进行 Hilbert 变换，可以得到电流信号畸变部分幅值在整个频率段上随时间和频率的变化规律。

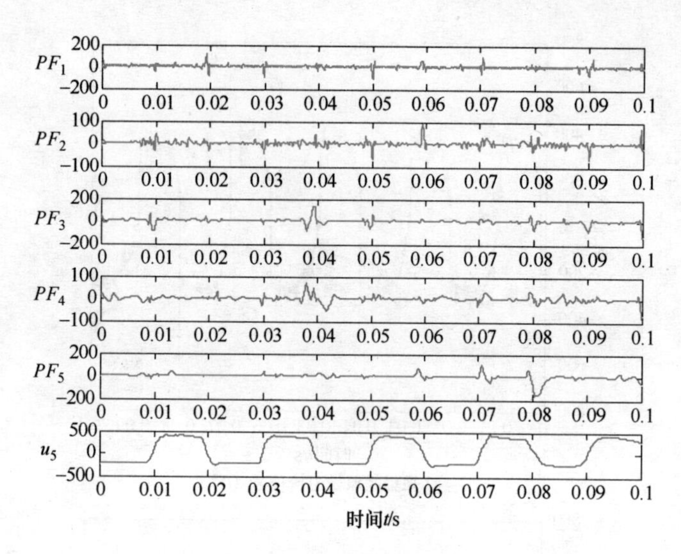

图 4-16 LMD 分解结果

参考文献

[1] 周漪清，薛家祥，何宽芳，等．埋弧焊方波电弧信号的指数衰减型阈值消噪［J］．焊接学报，2011，32（6）：5-9.

[2] 周漪清，王振民，薛家祥．电弧故障信号的小波检测与分析［J］．电焊机，2012，42（1）：47-49.

[3] He Kuanfang，Wu Jigang，Li Xuejun．Wavelet Analysis for Electronic Signal of Submerged Arc Welding Process［C］．ICMTMA，Shanghai，China，2011：1139-1143.

[4] He K F，Li Q，Chen J．An arc stability evaluation approach for SW AC SAW based on Lyapunov Exponent of welding current［J］．Measurement，2013，46（1）：272-278.

[5] He Kuanfang，Zhang Zhuojie，Xiao Siwen，et al．Feature extraction of AC square wave SAW arc characteristics using improved Hilbert-Huang transformation and energy entropy［J］．Measurement，2013，46（4）：1385-1392.

[6] He Kuanfang，Wu Jigang，Wang Guangbin．Time-Frequency Entropy Analysis of

Alternating Current Square Wave Current Signal in Submerged Arc Welding [J]. Journal Of Computers, 2011, 6 (10): 2092-2097.

[7] He Kuanfang, Xiao Siwen, Wu Jigang, et al. Time-Frequency Entropy Analysis of Arc Signal in Non-stationary Submerged Arc Welding [J]. Engineering, 2011, 3 (2): 105-109.

[8] 何宽芳, 肖思文, 伍济钢. 小波消噪与 LMD 的埋弧焊交流方波电弧信息提取 [J]. 中国机械工程, 2013, 16 (24): 2141-2145.

[9] 吕小青, 曹彪, 曾敏. 短路过渡电弧的关联维数分析 [J]. 焊接学报, 2005, 26 (6): 65-68.

[10] Xiang Yuanpeng, Cao Biao, ZengMin, et al. Determining chaotic invariant properties of short-circuiting gas metal arc welding from an observed time series [J]. CHINA WELDING, 2008, 17 (3): 30-33.

[11] Xiang Yuanpeng, Cao Biao, Zeng Min. Effects of approximate entropy and droplet transfer frequency on process stability of CO_2 short-circuiting welding [J]. TRANSACTIONS OF THE CHINA WELDING INSTITUTION, 2010, 31 (1): 21-24.

[12] 任志军, 田心. 脑电高阶 Lyapunov 指数的估计及其仿真计算. 中国生物医学工程学报, 2005, 24 (6): 676-680.

[13] 罗震, 单平, 高战蛟. 用 Lyapunov 指数研究点焊位移信号的混沌特性 [J]. 焊接学报, 2006, 27 (12): 34-37.

[14] CAO Biao, LU Xiao-qing, ZENG Min, et al. Lyapunov exponent analysis of short circuit arc in GMAW [J]. MATERIALS SCIENCE&TECHNOLOGY, 2007, 15 (3): 301-304.

[15] CAO Biao, XIANG Yuanpeng, ZENG Min. Stability of CO_2 GMAW with short circuit transfer based on Lyapunov exponent [J]. TRANSACTIONS OF THE CHINA WELDING INSTITUTION, 2008, 29 (12): 5-7, 16.

[16] 周宇飞, 汪莉丽, 陈军宁. 开关变换器的仿真建模方法及最大 Lyapunov 指数计算 [J]. 系统仿真学报, 2007, 19 (9): 1925-1928.

[17] 张智海, 郑力, 李志忠, 等. 端铣工艺非线性动力学特性的研究 [J]. 机械工程学报, 2004, 40 (8): 45-48.

[18] 胡广书. 现代信号处理教程 [M]. 北京: 清华大学出版社, 2004.

[19] 李来善，陈善本. 小波分析及其在焊接中的应用［J］. 电焊机，2003，33（11）：1-4.

[20] 杨世锡，胡劲松，吴昭同，等. 旋转机械振动信号基于EMD的希尔伯特变换和小波变换时频分析比较［J］. 中国电机工程学报，2003，23（6）：102-107.

[21] 牛发亮，黄进，杨家强，等. 基于感应电机启动电磁转矩Hilbert-Hunag变换的转子断条故障诊断［J］. 中国电机工程学报，2005，25（11）：107-112.

[22] Huang N E，Shen Z，Long S R. A new view of nonlinear water waves：the Hilbert spectrum［J］. Annu. Rev. Fluid Mech，1999，31：417-457.

[23] 何凤霞. 概率论与数理统计［M］. 北京：中国电力出版社，2005.

[24] Smith J S. The localmean decomposition and its application to EEG perception date［J］. J. R. Soc Interface，2005，2（5）：443-454.

第 5 章

埋弧焊数字化监测的信息处理

焊接电弧的特征直接反映出焊接过程的稳定性和焊缝质量。在采集焊接电弧信号的基础上，对焊接电弧特征信息的提取是焊接过程质量监测中不可或缺的环节。为了提取焊接电弧特征信息，实现对焊接过程电弧稳定性和焊缝质量数字化监测，需对采集到的电弧能量信号（电弧电压和电流）进行特征分析。由于影响焊接质量因素的不确定性以及采集过程存在复杂的噪声背景，实际采集到的电弧能量信号是非线性、时变的，属于典型的非平稳信号。针对埋弧焊焊接电弧电信号特点，在第 4 章分别介绍了几种典型的信号处理方法，该部分内容主要在第 4 章介绍的信号处理方法的基础上，介绍了基于多分辨率分析的小波能谱熵[1,2]、HHT 时频熵和 LMD 能谱熵的电弧特征信息提取的计算原理、方法及其在埋弧焊电弧稳定特性、工艺评估及质量监测的应用[3-8]。

5.1 基于小波能谱熵的电弧稳定性评估

5.1.1 理论与算法

对信号 $x(n)$ 进行上述 J 层小波分解，其中第 j 层分解尺度下的高频细节系数为 $d_j(k)$，低频近似系数为 $a_j(k)$，相应的重构系数分别

为 $D_j(k)$ 和 $A_j(k)$。则原始信号 $x(n)$ 可表示为各重构系数之和，即

$$x(n) = \sum_{j=1}^{J} D_j(n) + A_J(n) \tag{5-1}$$

为了统一符号，将上式中的 $A_J(n)$ 用 $D_{J+1}(n)$ 代替即可得到

$$x(n) = \sum_{j=1}^{J+1} D_j(n) \tag{5-2}$$

根据以上分析过程，定义基于小波变换多分辨率分析的小波能量谱在某尺度 j 下的值为该尺度下重构系数的平方和，即

$$E_j = \sum_{k=1}^{N} |D_j(k)|^2, j = 1,2,\cdots,J+1 \tag{5-3}$$

式中 N——采样点长度；

$D_j(k)$，$k=1$，2，…，N——尺度 j 下小波重构系数。

在信息论中，熵用来表示信源输出的平均信息量的大小，它能提供信号潜在的动态过程的有用信息，其大小是对信号平均不确定性和复杂性的度量。香农信息熵定义如下

$$H(X) = -\sum_{j=1}^{L} p_j \log p_j, p_j \in [0,1] \tag{5-4}$$

式中 p_j——信号取值的概率，且满足

$$\sum_{j=1}^{L} p_j = 1 \tag{5-5}$$

信息熵值是对信号不确定性的度量，可以用来估计信号的复杂性。

基于 Shannon 熵概念的谱熵（Spectral Entropy）同样是一种复杂度的分析指标，所分析信号的功率谱中存在的谱峰越窄、谱熵越小，表示信号波形的变化越有规律、复杂度越小；反之，功率谱越平坦、谱熵越大，信号的复杂度越大。计算谱熵的常用方法是采用快速傅里叶变换（Fast Fourier Transform，FFT）估计信号功率谱，然后计算谱熵，但基于 FFT 变换的功率谱估计只能反映信号段的平均功率分布，不包含信号的任何时域变化信息，并且谱估计的频率分辨率与所采用的信号长度成正比，用短时间窗的信号作谱估计将降低

其频率分辨率。用小波变换（Wavelet Transform，WT）代替 FFT 变换可以定义各种熵，统称为小波熵。小波变换可以在频域和时域同时定位分析非平稳时变信号，因此可以得到信号在时域的动态变化信息，在此基础上定义的各种小波熵可以表征信号复杂度在时域的变化情况，也可以表征信号的诸多频域特征，小波能谱熵就是其中之一。

小波能谱熵是将小波能谱分析与信息熵原理相结合的产物，其基本思想是将小波系数矩阵处理成一个概率分布序列，用该序列的熵值来反映这个系数矩阵的稀疏程度，即被分析信号概率分布的有序程度。信号经过小波变换后，假设每一个尺度为一个信号源，那么，每个尺度上的小波重构系数相当于一个信源发出的消息。这样，根据小波变换的重构系数的能谱，即可计算信号的小波能谱熵，即多尺度下的小波能谱熵。

设 $E=E_1$，E_2，…，E_J，为信号 $x(n)$ 在 J 个尺度上的小波能谱。则在尺度域上 E 可以形成对信号能量的一个划分。由正交小波变换的特性可知，在某一时间窗内，信号的总功率 E 等于该窗内各尺度下分量功率 E_j之和。因此，针对传统熵只能表征一个信号在整个时间段上的不确定性，而无法分析非平稳信号的局部不确定特征的问题，可定义一个滑动窗，计算窗口内各尺度小波重构系数的能谱熵，观察小波能谱熵跟随窗口滑动的变化情况。首先将信号进行 J 层小波分解，在尺度 j 下，多分辨率分析的小波重构系数为 $D_j(k)$，在此小波重构系数上定义一滑动时窗，窗长为 L，滑动步长为 δ，然后计算每个尺度下某一时窗内信号的小波能谱为

$$E_j = \sum_{k=1}^{L} |D_j(k)|^2 \tag{5-6}$$

时窗内信号的总能量等于各个尺度分量的能量之和，即

$$E_{\text{total}} = \sum_{j=1}^{J+1} E_j \tag{5-7}$$

则时窗内每个尺度信号的相对能量为

$$p_j = \frac{E_j}{E_{\text{total}}} \tag{5-8}$$

式中 p_j——不同尺度的能量分布情况。

由于 $\sum_{j=1}^{J+1} p_j = 1, p_j \in [0,1]$，满足广义分布条件，用其代替香农熵里的概率 p_j，对数以 2 为底，即可得到信号 $x(n)$ 在时窗内的小波能谱熵的表达式：

$$W_{EE} = -\sum_{j=1}^{J+1} p_j \log_2(p_j) \tag{5-9}$$

随着时窗的滑动，可以得到小波能谱熵随时间的变化规律。

5.1.2 应用实例

1. 不同频率下电弧电流信号的计算与分析

采用 MZE1000 交流方波埋弧焊机，进行埋弧焊接平铺试验，工件材料为低碳钢，板厚 20mm，焊丝牌号为 H08A，直径 4.0mm，焊剂 HJ431。分别改变焊接参数，利用基于霍尔效应的电流传感器和基于以太网的高速数据采集卡进行电流信号采集。采样频率为 25kHz，每个焊接过程采样 20s，从中截取 5s 即 125000 个数据点来进行小波能谱熵的计算。

图 5-1 ~ 图 5-4 给出了在给定电压为 40V、电流正负幅 400A，焊丝伸出长度为 20 mm，焊接速度 1.0m/min 的条件下，不同焊接电流波

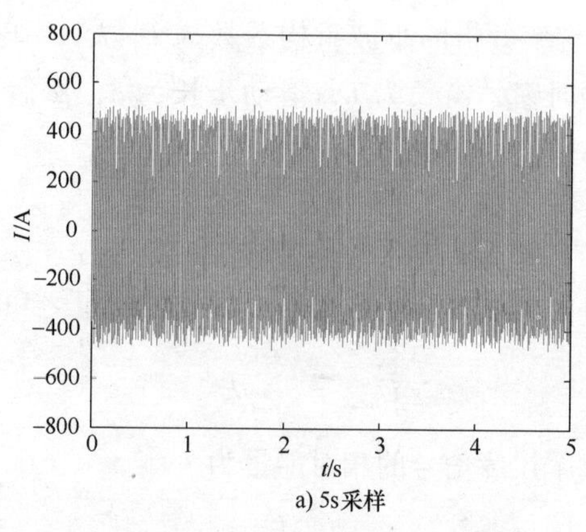

a) 5s采样

图 5-1 50Hz 的电流波形

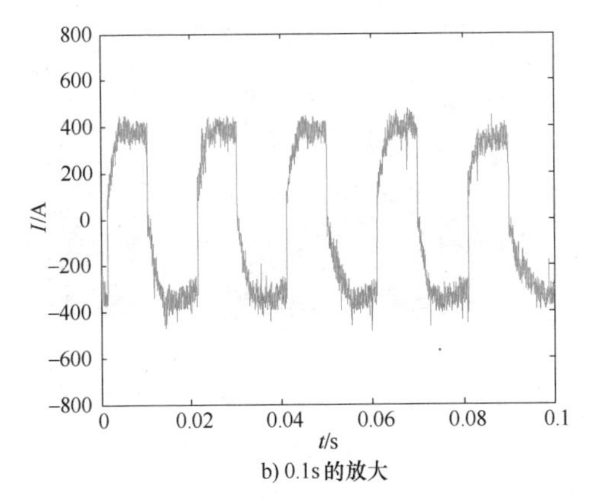

b) 0.1s 的放大

图 5-1　50Hz 的电流波形（续）

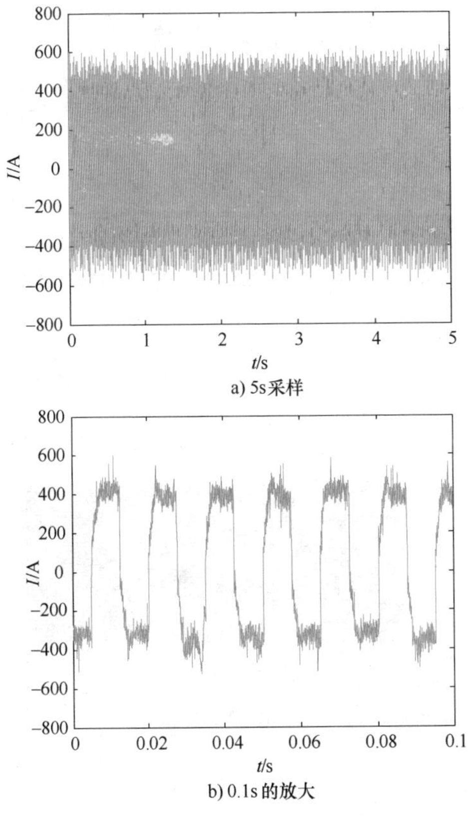

a) 5s采样

b) 0.1s 的放大

图 5-2　80Hz 的电流波形

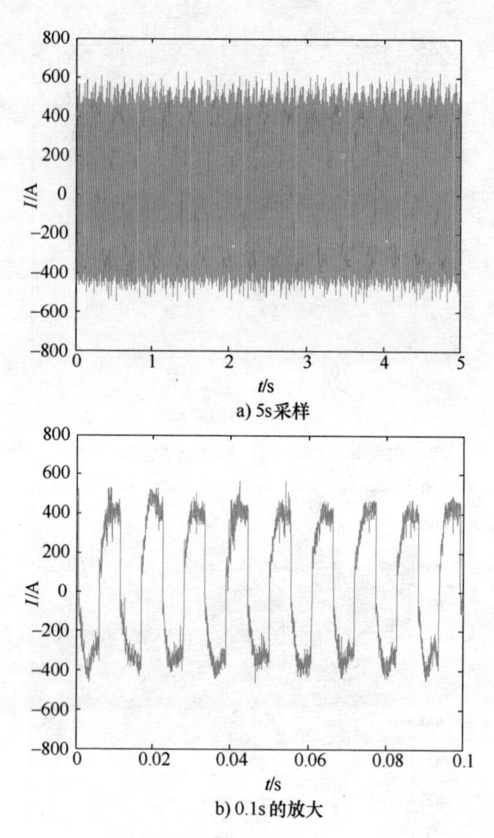

a) 5s采样

b) 0.1s的放大

图 5-3 **100Hz** 的电流波形

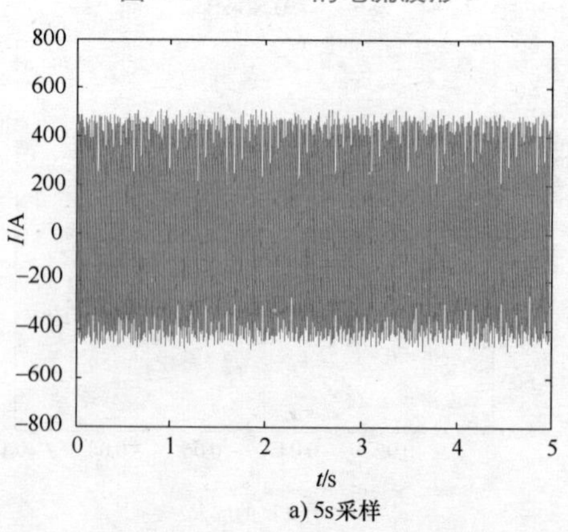

a) 5s采样

图 5-4 **120Hz** 的电流波形

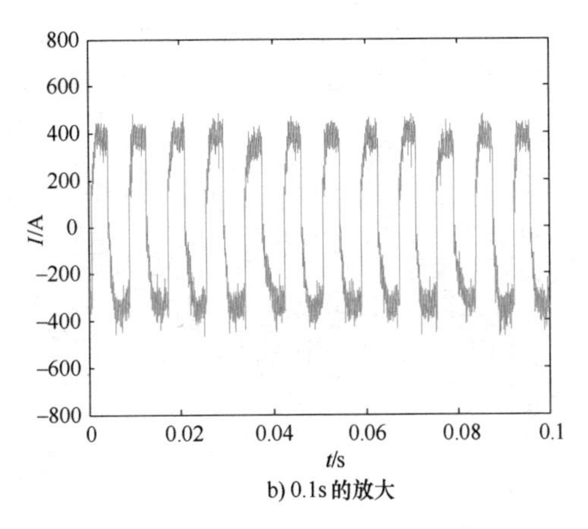

b) 0.1s 的放大

图 5-4　120Hz 的电流波形（续）

形频率的焊接电弧电流波形。其中图 a 为采样时间为 5s 的波形，图 b 为相应波形的 0.1s 局部放大效果。

选取一滑动时窗，窗长 $L=1000$，滑动步长 $\delta=1$，对以上四组不同频率下的焊接电流采样信号进行小波能谱熵分析，绘出各自小波能谱熵随时间的变化曲线分别如图 5-5、图 5-6 所示，然后计算不同频率下所得电流信号小波能谱熵的均值，结果见表 5-1。

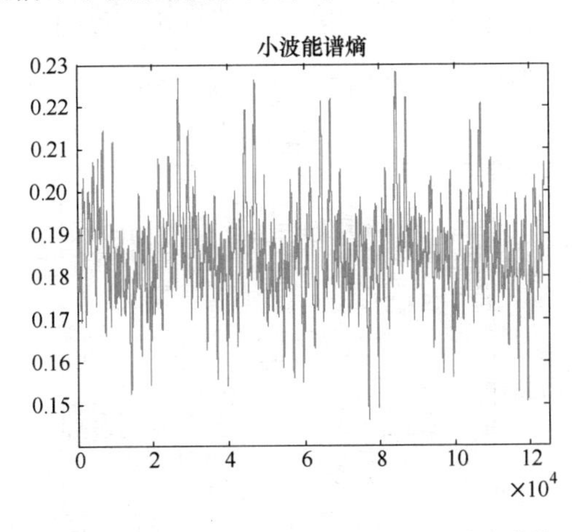

图 5-5　50Hz 和 80Hz 电流信号的小波能谱熵

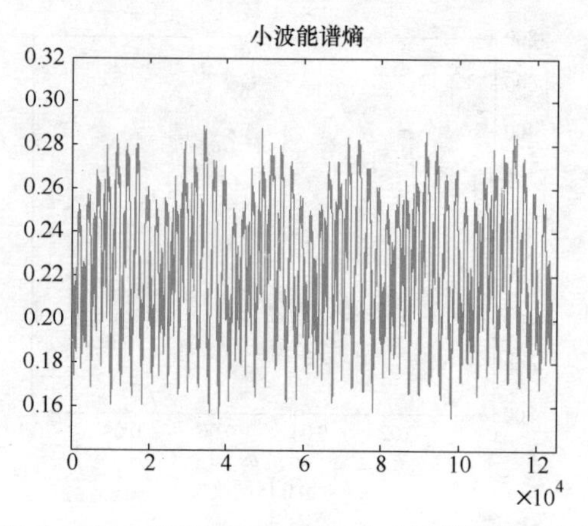

图5-5　50Hz 和 80Hz 电流信号的小波能谱熵（续）

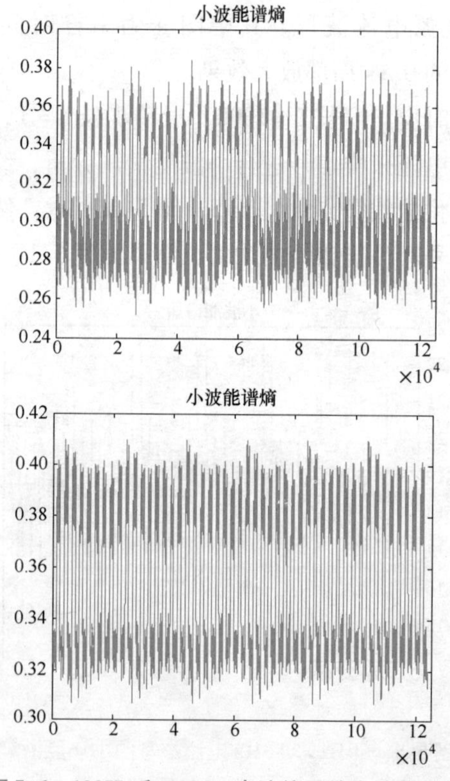

图5-6　100Hz 和 120Hz 电流信号的小波能谱熵

表 5-1　不同频率下的焊接参数及电流信号的小波能谱熵均值

频率 f/Hz	电弧电流 I/A	电弧电压 U/V	占空比 D	焊丝直径 /mm	伸出长度 /mm	小波能谱熵 W_{EE}
50	738	37	0.5	4	22	0.1852
80	740	38	0.5	4	22	0.2243
100	742	37	0.5	4	22	0.3074
120	745	37	0.5	4	22	0.3536

比较图 5-1 ~ 图 5-4 可知，随着电流频率的增加，焊接过程的稳定性变得更好，电流信号变得更加规则，焊接过程无短路、无断弧、焊接过程稳定、焊缝成形好。由图 5-5、图 5-6 不同频率下电流信号的小波能谱熵波形可以看出，随着频率的不断增大，小波能谱熵的波动越来越规则，说明随着频率的增加，电流信号变得更加稳定。随着频率的不断增加，小波能谱熵的均值不断增大，这是由小波能谱熵的性质决定的，因为频率越高，信号的熵值就会越大，但这并不影响其对信号稳定性的评估。因此，在相同占空比、不同电流波形频率下，小波能谱熵可以作为一种交流方波埋弧焊电弧稳定性的判据。

2. 不同占空比下的电流信号计算与分析

在给定电压为 40V、电流正负幅 400A，焊丝伸出长度为 20 mm，焊接速度为 1.0m/min 基本保持不变的条件下逐渐增加焊接电流波形占空比的焊接电弧电流波形如图 5-7 ~ 图 5-13 所示，从图中可见这些焊接过程基本上都是处于稳定状态。

选取一窗长为 $L=1000$ 的滑动时窗，滑动步长为 $\delta=1$，对以上七组不同占空比下的焊接电流采样信号进行小波能谱熵分析，绘出各自小波能谱熵随时间的变化曲线分别如图 5-14 ~ 图 5-17 所示，然后计算不同频率下所得电流信号小波能谱熵的均值，结果见表 5-2。

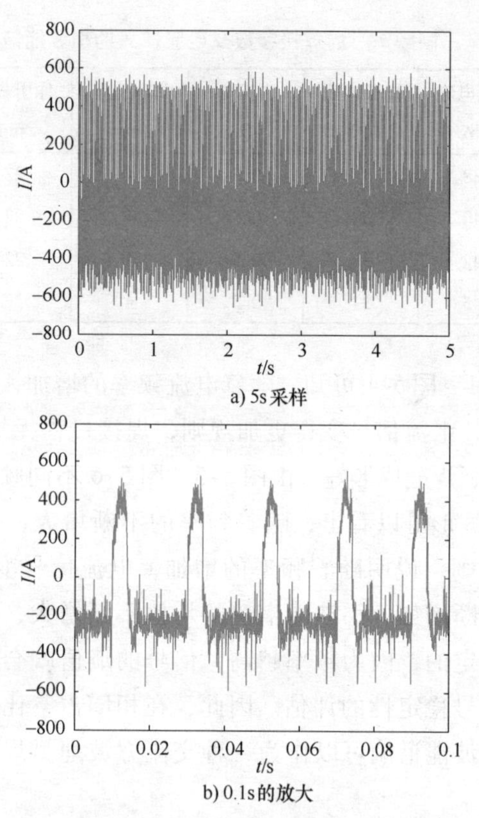

a) 5s 采样

b) 0.1s的放大

图 5-7　占空比为 0.2 采集的电流信号

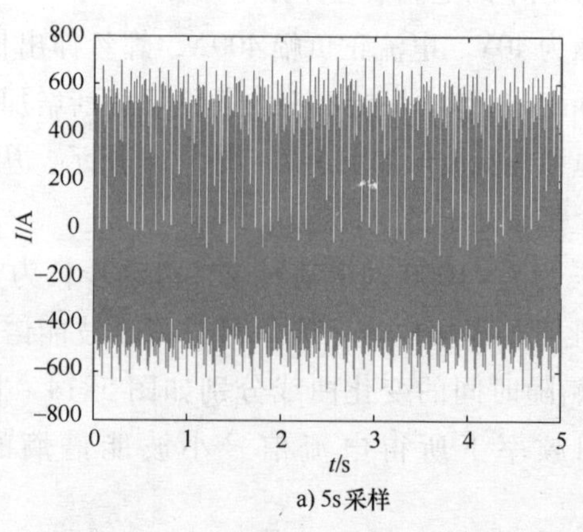

a) 5s采样

图 5-8　占空比为 0.3 采集的电流信号

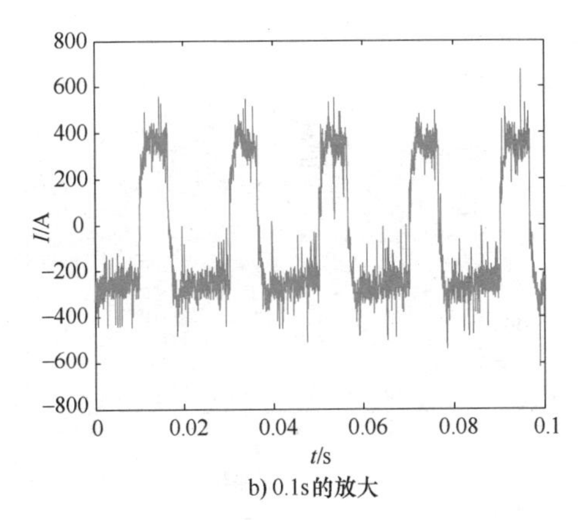

b) 0.1s的放大

图5-8　占空比为0.3采集的电流信号（续）

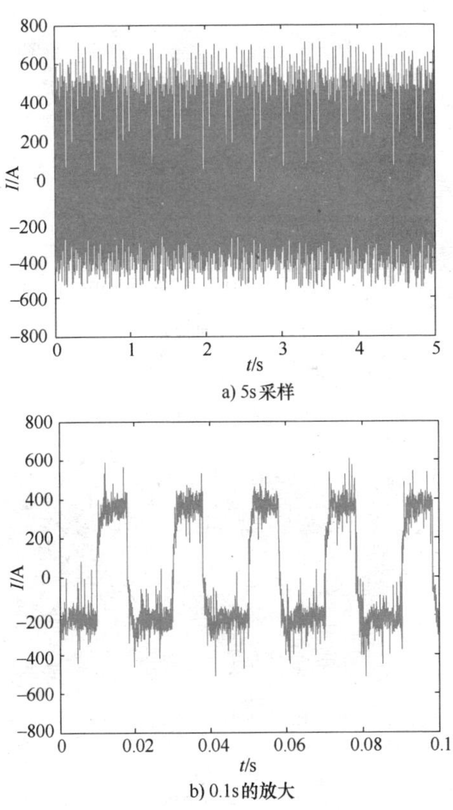

a) 5s采样

b) 0.1s的放大

图5-9　占空比为0.4采集的电流信号

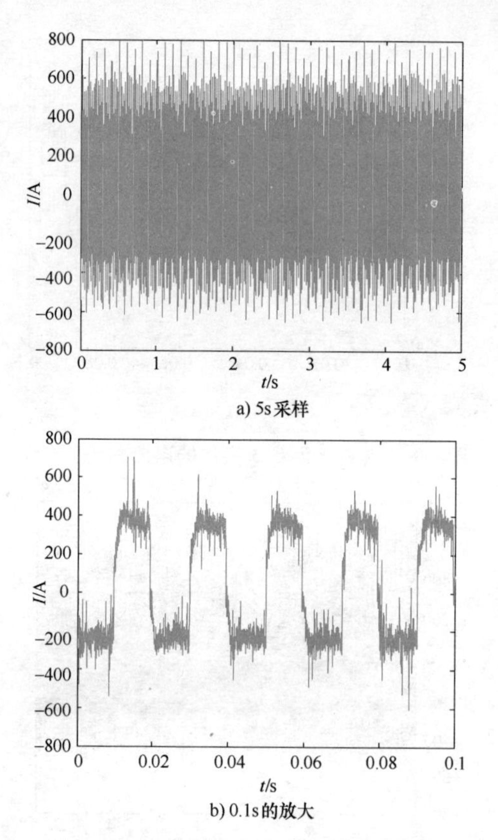

a) 5s采样

b) 0.1s的放大

图5-10　占空比为0.5采集的电流信号

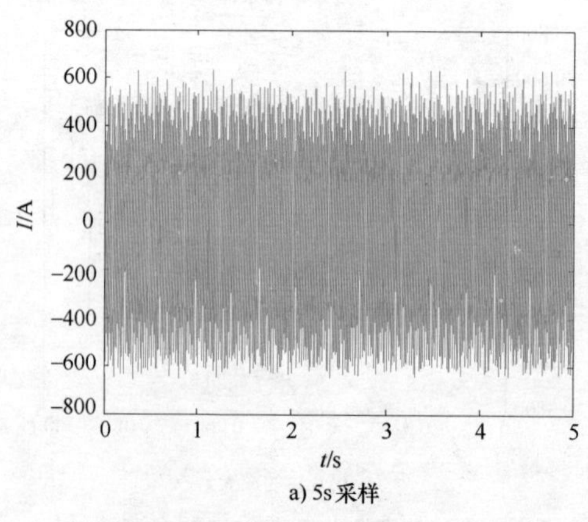

a) 5s采样

图5-11　占空比为0.6采集的电流信号

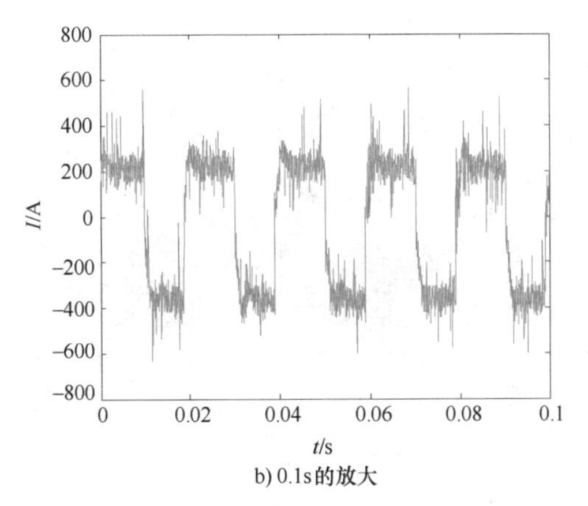

b) 0.1s的放大

图 5-11　占空比为 0.6 采集的电流信号（续）

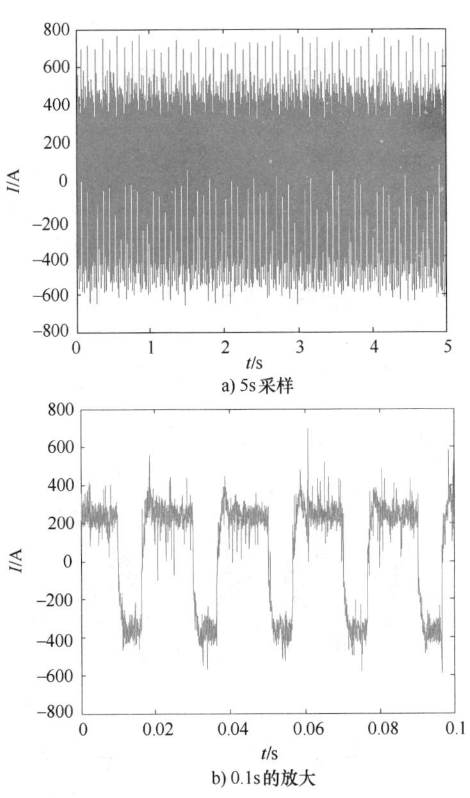

b) 0.1s的放大

图 5-12　占空比为 0.7 采集的电流信号

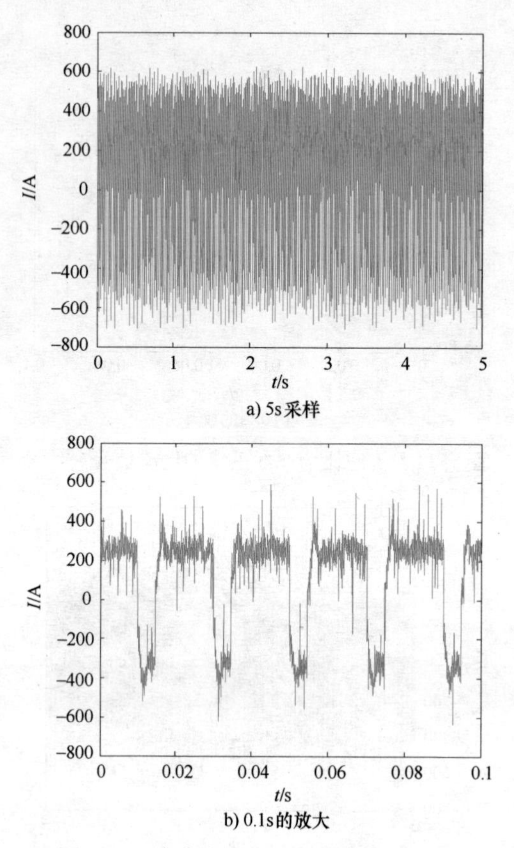

图 5-13　占空比为 0.8 采集的电流信号

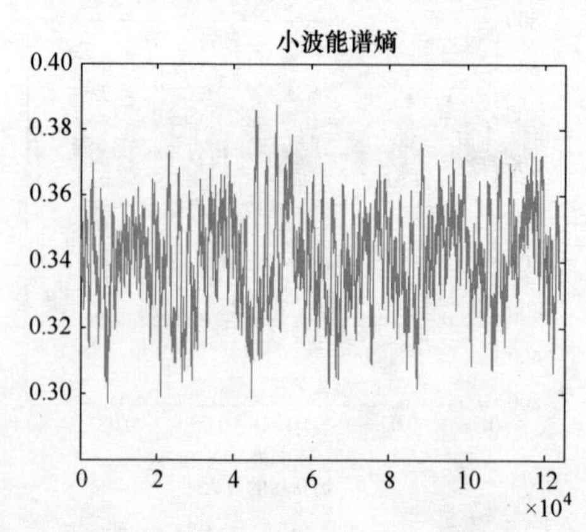

图 5-14　占空比为 0.2 和 0.3 时电流信号的小波能谱熵

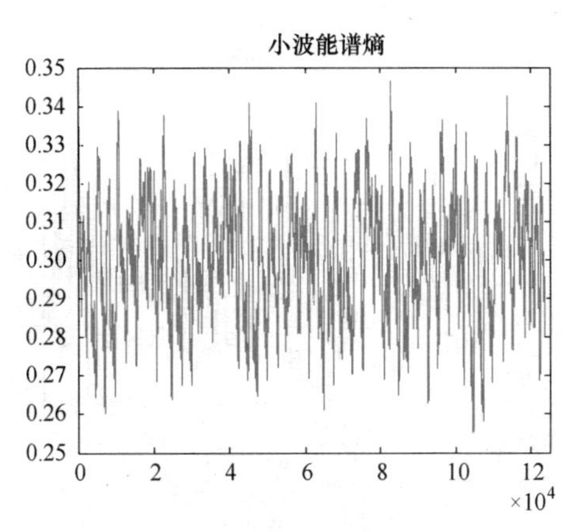

图5-14 占空比为0.2和0.3时电流信号的小波能谱熵（续）

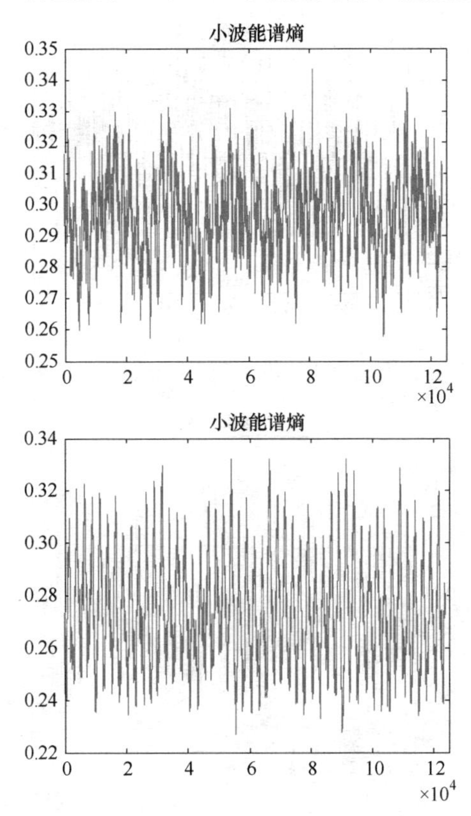

图5-15 占空比为0.4和0.5时电流信号的小波能谱熵

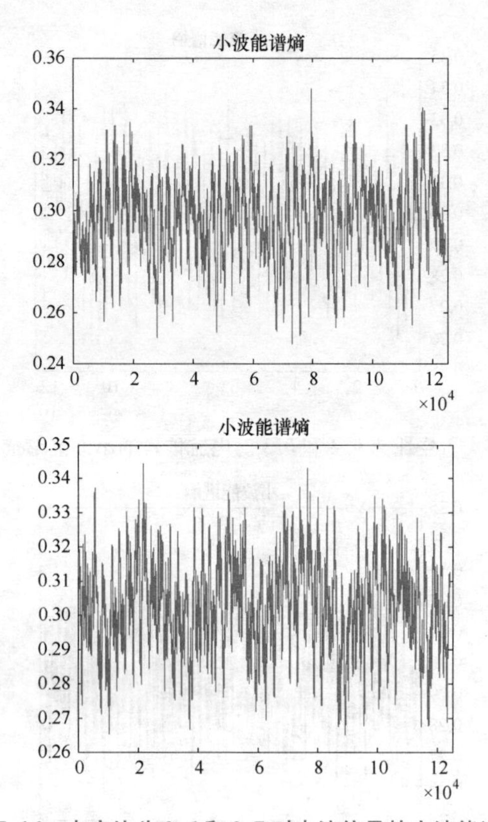

图 5-16 占空比为 0.6 和 0.7 时电流信号的小波能谱熵

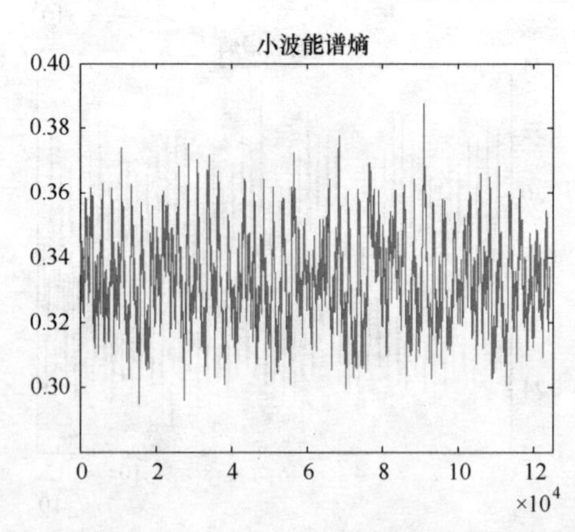

图 5-17 占空比为 0.8 时电流信号的小波能谱熵

表5-2　不同占空比下的焊接参数及电流信号小波能谱熵计算结果

占空比 D	电弧电流 I/A	电弧电压 U/V	频率 f/Hz	焊丝直径 /mm	伸出长度 /mm	小波能谱熵 W_{EE}
0.2	643	37	50	4	22	0.3414
0.3	640	37	50	4	22	0.3006
0.4	632	36	50	4	22	0.2971
0.5	651	38	50	4	22	0.2736
0.6	644	38	50	4	22	0.2968
0.7	638	37	50	4	22	0.3025
0.8	635	37	50	4	22	0.3332

表5-2给出了电流波形在相同频率50Hz下不同占空比下焊接参数与小波能谱熵均值的计算结果，其中电弧电流、电压是指实际采集的焊接电流、电压信号的正负半波幅-幅值的平均值。比较图5-7a~图5-13a，发现焊接过程较为稳定，电流波动较小的为图5-9、图5-10和图5-11，即占空比为0.4、0.5和0.6。这是由于在相同焊接电流、电压、频率和焊接速度焊接时，占空比较小时，负半波电弧作用时间长，对焊丝熔化作用较大，而电弧正半波作用时间较短，从而使得焊丝熔滴处于大熔滴渣壁过渡状态，焊接过程不稳定。随着占空比的增大，电弧正半波电弧力作用增大，负半波电弧作用时间变小，焊丝熔滴由大变小并由渣壁过渡，电流波动变小，焊接过程稳定。在试验中，当占空比达到0.7时，由于正半波电弧作用时间增大，负半波电弧作用时间减少，从而使得焊丝熔滴在长大过程中伴随部分熔滴由渣壁过渡，这时电弧挺度较小，电流波动变大。只有在电流波形正负半波作用时间匹配时，焊丝熔化与过渡达到一种平衡，焊接过程最为稳定，电流波动最小，所以占空比为0.4~0.6是在此给定电压下的最佳焊接参数。由表5-2可知，占空比为0.4、0.5和0.6的小波能谱熵也最小。

由表5-2可知，在占空比由小到大逐渐增加时，小波能谱熵是逐渐减小的，直到占空比为0.5时达到最小值。小波能谱熵是一个复杂性的度量，所以当电流波形越规则时小波能谱熵应该越小。同时发现在占空比超过0.5后，小波能谱熵又开始逐渐增大。这表明交流方波埋弧焊过程电流波形占空比是影响信号小波能谱熵的一个因素，与焊接过程的稳定性有着密切的联系。焊接过程越稳定小波能谱熵越小。实际上，在较低占空比时，占空比由小到大的增加，是稳定性增加的一个表征，因为此时是由不稳定的大熔滴渣壁过渡状态逐渐转变为稳定的熔滴渣壁过渡的过程。因此在给定焊接电流、电压时，不同电流波形占空比下，小波能谱熵能作为交流方波埋弧焊过程稳定性的评判标准。

5.2 基于HHT时频熵的电弧稳定性评估

5.2.1 理论与算法

经验模式分解（EMD）方法和与之相应的Hilbert谱统称为Hilbert-Huang变换。由第4章内容介绍可知道，EMD方法可以将信号分解为若干个内模式分量IMF分量之和及一个剩余分量r_n，见式(5-10)，该剩余分量是一个平均趋势或者是一个常数。

$$x(t) = \sum_{i=1}^{n} c_i + r_n \tag{5-10}$$

忽略剩余分量r_n，对式（5-10）中的每个内禀模态函数$c_i(t)$做Hilbert变换得到

$$\hat{c}_i(t) = \frac{1}{\pi}\int_{-\infty}^{+\infty}\frac{c_i(\tau)}{t-\tau}\mathrm{d}\tau \tag{5-11}$$

构造解析信号为

$$z_i(t) = c_i(t) + j\,\hat{c}_i(t) = a_i(t)\mathrm{e}^{j\phi_i(t)} \tag{5-12}$$

于是得到幅值函数和相位函数分别为式（5-13）和式（5-14）

$$a_i(t) = \sqrt{c_i^2(t) + \hat{c}_i^2(t)} \tag{5-13}$$

$$\phi_i(t) = \arctan \frac{\hat{c}_i(t)}{c_i(t)} \tag{5-14}$$

进一步可以求出瞬时频率为

$$f_i(t) = \frac{1}{2\pi}\omega_i(t) = \frac{1}{2\pi} \times \frac{\mathrm{d}\phi_i(t)}{\mathrm{d}t} \tag{5-15}$$

这样，可以得到

$$x(t) = RP\sum_{i=1}^{n} a_i(t)\mathrm{e}^{j\phi_i(t)} = RP\sum_{i=1}^{n} a_i(t)\mathrm{e}^{j\int \omega_i(t)\mathrm{d}t} \tag{5-16}$$

其中 RP 表示取实部。展开式（5-16）称为 Hilbert 谱，记作

$$H(\omega,t) = RP\sum_{i=1}^{N} a_i(t)\mathrm{e}^{j\int \omega_i(t)\mathrm{d}t} \tag{5-17}$$

式（5-17）精确地描述了信号的幅值在整个频率段上随时间和频率的变化规律。信号幅度在三维空间表示为时间和瞬时频率的函数，信号幅度也可以表示成时间频率平面的等高线。

将信息熵引入时频分析的思路和进行时频熵计算的方法是将时频平面等分为 N 个面积相等的时频块，每块内的能量为 W_i（$i=1$，2，…，N），整个时频平面的能量为 A，对每区块进行能量归一化，得 $q_i = W_i/A$，于是有 $\sum_{i=1}^{N} q_i = 1$，符合计算信息熵的初始归一化条件。仿照信息熵的计算公式，基于 Hilbert-Huang 变换的时频熵计算公式为

$$s(q) = -\sum_{i=1}^{N} q_i \ln q_i \tag{5-18}$$

根据信息熵的基本性质，q_i 分布越均匀，时频熵值 $s(q)$ 越小，反之时频熵值 $s(q)$ 越大。

5.2.2　应用实例

采集相应焊接参数的电信号数据。具体焊接参数及试验现象见表 5-3。图 5-18 所示是对应每组焊接参数采集到的焊接电流信号及其 HHT 变换结果。

表 5-3　焊接参数及焊接结果

试验序号	电流 I/A	电压 U/V	焊接速度 v/(m/min)	频率 f/Hz	占空比 D	焊接情况
1	630	38	0.6	50	0.3	无短路、断弧，过程不稳定，焊缝成形很差
2	630	38	0.6	50	0.4	无短路、断弧，过程稳定、焊缝成形差
3	630	38	0.6	50	0.5	无短路、断弧，过程稳定、焊缝成形好
4	630	38	0.6	50	0.6	无短路、断弧，过程稳定、焊缝成形差
5	630	38	0.8	50	0.5	无短路、断弧，过程稳定、焊缝成形差
6	680	40	0.8	80	0.5	无短路、断弧，过程稳定、焊接成形好
7	680	40	0.8	100	0.5	无短路、断弧，过程稳定、焊接成形好

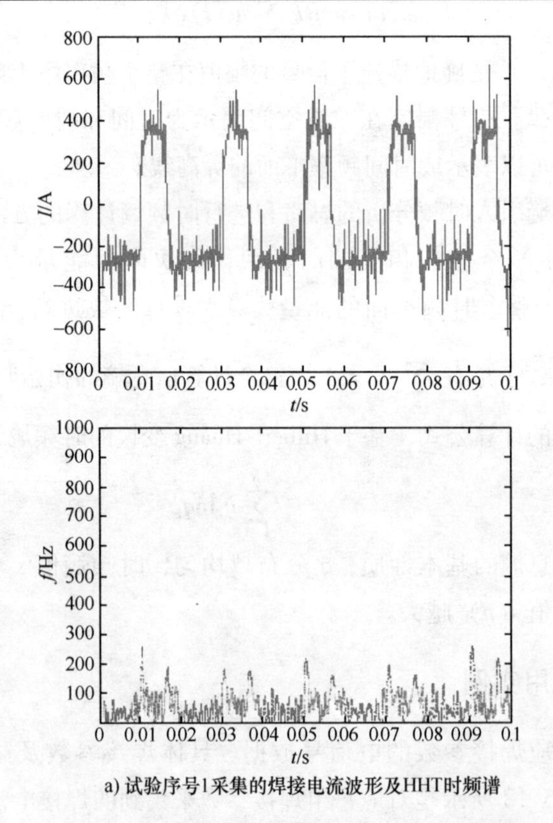

a) 试验序号1采集的焊接电流波形及HHT时频谱

图 5-18　各组试验采集的焊接电流波形及 HHT 时频谱

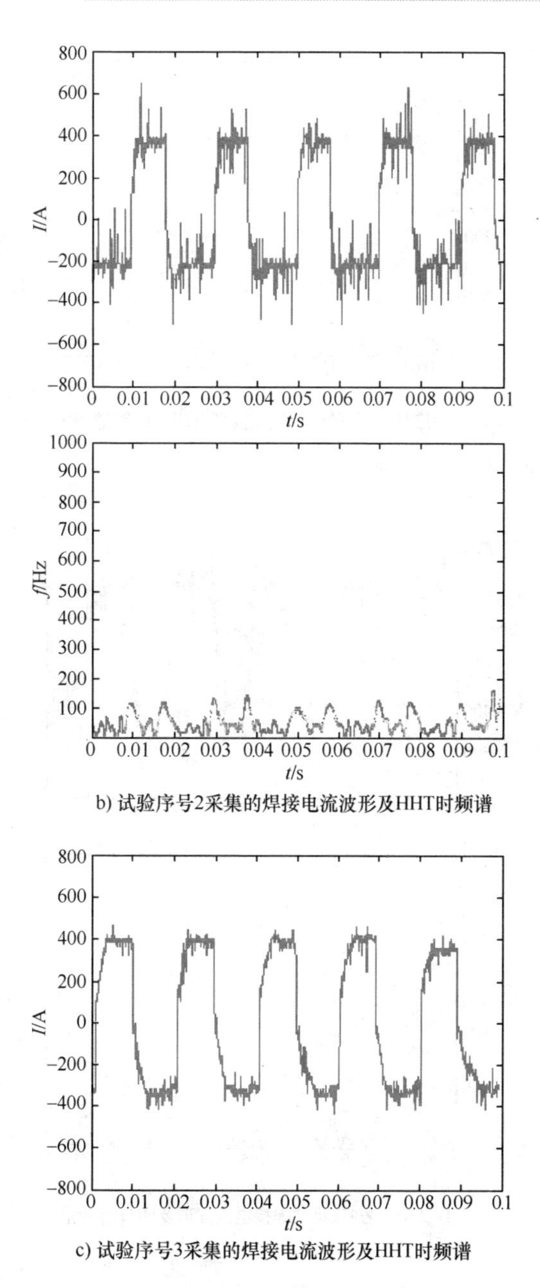

b) 试验序号2采集的焊接电流波形及HHT时频谱

c) 试验序号3采集的焊接电流波形及HHT时频谱

图 5-18　各组试验采集的焊接电流波形及 HHT 时频谱（续）

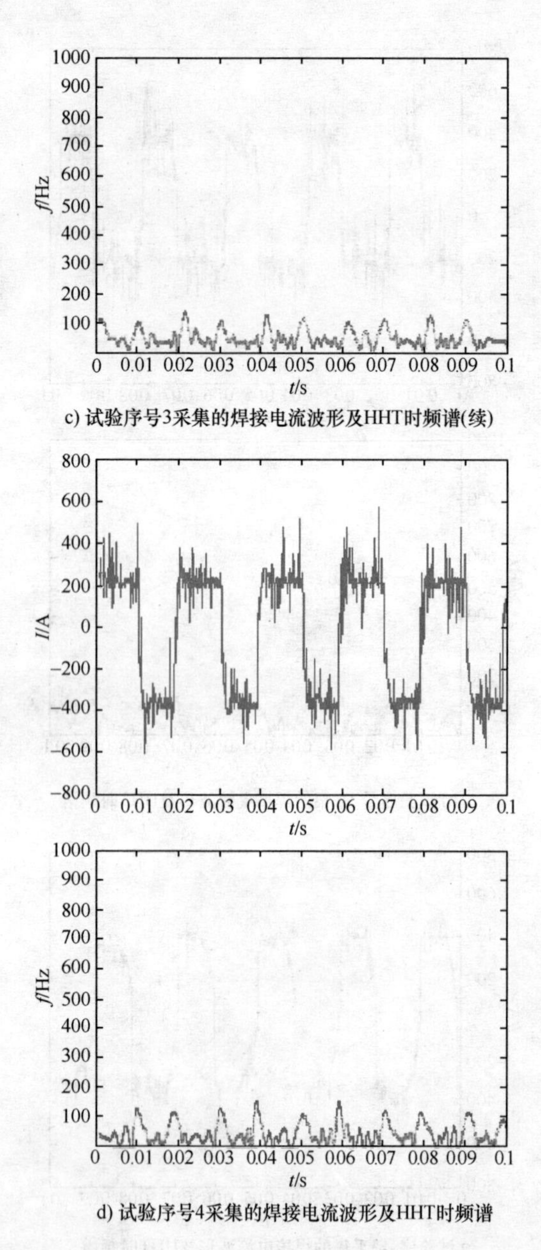

c) 试验序号3采集的焊接电流波形及HHT时频谱(续)

d) 试验序号4采集的焊接电流波形及HHT时频谱

图 5-18　各组试验采集的焊接

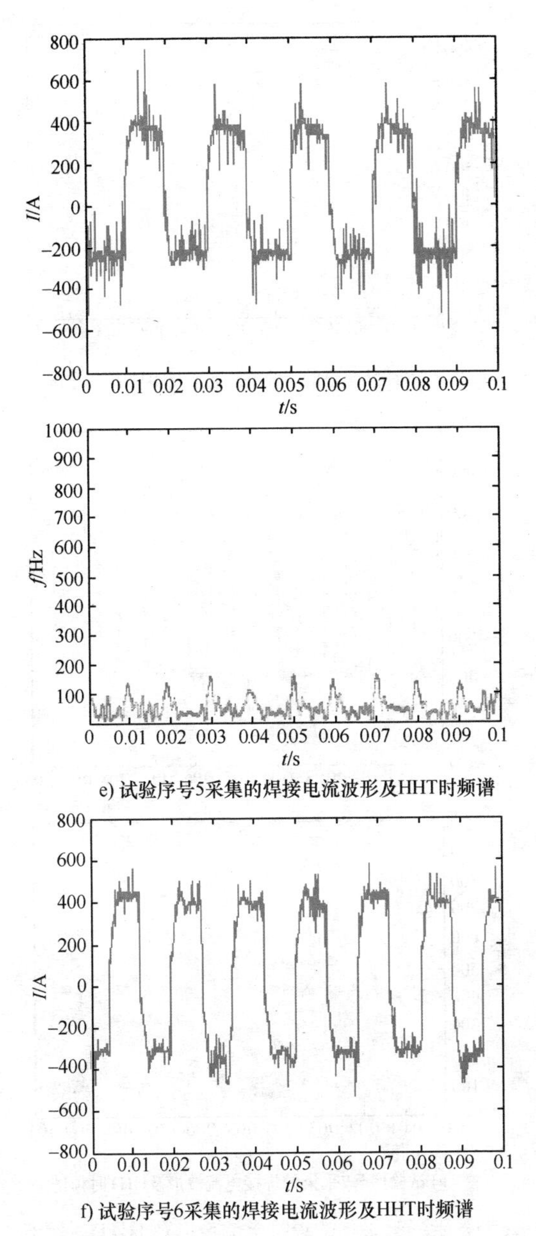

e) 试验序号5采集的焊接电流波形及HHT时频谱

f) 试验序号6采集的焊接电流波形及HHT时频谱

电流波形及 **HHT** 时频谱（续）

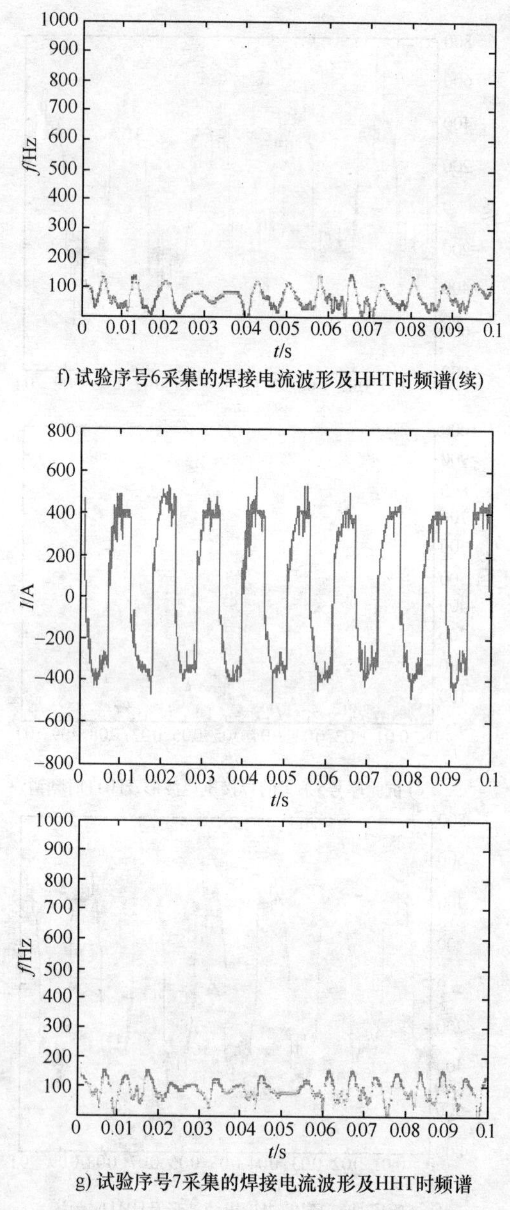

f) 试验序号6采集的焊接电流波形及HHT时频谱(续)

g) 试验序号7采集的焊接电流波形及HHT时频谱

图 5-18 各组试验采集的焊接电流波形及 HHT 时频谱（续）

从图 5-18 中可以看出每组试验采集到的焊接电流信号和经 HHT 变换后的幅值在时间和频率的联合分布情况。从图中可以看出，每组信号主频率成分基本围绕 50 Hz、80Hz 或 100Hz 不变，还存在围绕主频随时间波动的其他频率成分，这种不规则频率成分是由于焊接电源工作在强干扰、高压、大电流的复杂、恶劣环境中，存在功率开关管的高频切换、整流二极管的冲击、外界辐射等众多干扰因素，使得焊接电源本身实际输出的电流、电压波形发生畸变，引起电流波形畸变的频率成分伴随主频电流波形呈随机分布。电流、电压波形发生畸变的频率成分多少和范围的大小直接影响电弧能量分布情况，进而影响焊缝成形。

从图 5-18 中还可以看出，不同占空比和频率及焊接速度下，电流信号的时频分布图呈现出来的电弧能量分布物理信息是不同的。试验 1 ~4 为焊接电流信号在相同频率、不同占空比条件下计算的 HHT 时频谱，三组信号的 HHT 时频谱主频率成分基本围绕 50 Hz 不变，三组信号时频分布的不同主要表现在幅值随时间上的变化及其他频率成分分布情况，从三组 HHT 时频分布可以看出，电弧能量随时间变化是不同的，相对电流波形占空比为 0.5、0.3、0.4、0.6 的整个序列明暗变化在时间尺度上不是等长度的分布规律，而且其他频率成分相对较多，表明不同电流波形占空比下的电弧能量分布及大小在时间尺度上是变化的，同时反映出不同占空比电流波形的畸变引起电弧能量分布不均。

试验 5 ~7 为焊接电流信号在相同占空比、不同频率条件下计算的 HHT 时频谱，三组信号的 HHT 时频谱的主频率成分基本围绕 50Hz、80Hz 和 100Hz 不变，电流信号幅值随时间的分布基本没有区别，但是三组信号的时频分布的不同主要表现在幅值随频率上的变化，从三组 HHT 时频分布可以看出，电弧能量随频率变化是不同的。随着频率的增加，其他频率成分相对较少，反映出能量比较集中。

试验3和试验5为焊接电流信号在相同占空比和频率、不同焊接速度条件下计算的HHT时频谱，从两组信号的计算结果来看，它们的HHT时频谱主频率成分基本围绕50 Hz不变，两组信号的时频分布的不同主要表现在幅值随频率和时间上的变化。从两组HHT时频分布可以看出，电弧能量随焊接变化是不同的，随焊接速度的增加，焊接电流信号时频分布表现出幅值在频率和时间上的变化相对复杂，而且其他频率成分明显增多。

为定量刻画交流方波埋弧焊不同焊接参数下焊接电源输出的电弧电流、电压信号在时域和频域上均会发生变化。根据式（5-18），计算每组试验HHT变换后的能量熵，计算结果见表5-4。

表5-4 每组试验HHT变换后的能量熵

试验号	1	2	3	4	5	6	7
计算熵值	1.613	1.611	1.603	1.609	1.610	1.605	1.604

由表5-4可知，比较不同占空比的能量熵值，占空比为0.5时计算的能量熵最小值，这是因为焊接过程焊接电源输出的电流波形正负半波相等，在输出频率一样的情况下，相对于电流波形占空比0.3、0.4、0.6，电流幅值在时间上的变化相对均匀，电流波形反映在时频平面上的电弧能量分布较均匀，计算的熵值较小。比较不同频率的能量熵值，频率为100Hz时计算的能量熵最小值，这是因为焊接过程焊接电源输出的电流波形正负半波相等，在输出频率不同的情况下，相对于电流波形频率50Hz和80Hz，电流幅值在相同时间尺度上的变化相对较小，电流波形反映在时频平面上的电弧能量分布较均匀，计算的熵值较小。

在相同电流波形参数焊接时，由表5-4可知，随着焊接速度的增加，能量熵是逐渐减少的，当交流方波频率由50Hz调为80Hz、100Hz时，其他焊接参数不变，焊接速度仍在0.8m/min时，计算的能量熵值都较大，表明焊接过程电弧稳定、焊缝成形有所改观。这说明在提高焊接速度的同时，适当地提高电流波形频率，可以保证焊接过程电弧稳定，这时计算的时频熵值仍较小。

从上述试验及计算结果来看，改变交流方波埋弧焊焊接电流波形参数占空比、频率和焊接速度，都会导致电弧能量在时域和频域上分布的不同，进而影响焊接过程电弧的稳定性和焊缝成形效果。因此通过合理的交流方波埋弧焊焊接电流波形参数占空比、频率，能有效获得电弧能量在时域和频域上均匀地分布，保证焊接过程稳定并获得良好的焊接效果。

5.3　基于 LMD 能谱熵的埋弧焊工艺评估

5.3.1　理论与算法

由第4章内容介绍可知道，LMD 方法可以将信号 $x(t)$ 分解为 k 个 PF 分量和一个单调函数 u_k之和，即

$$x(t) = \sum_{p=1}^{k} PF_p(t) + u_k(t) \tag{5-19}$$

对式（5-19）中的每个 PF 分量作 Hilbert 变换有

$$P\hat{F}_p(t) = \frac{1}{\pi}\int_{-\infty}^{+\infty} \frac{PF_i(\tau)}{t-\tau}\mathrm{d}\tau \tag{5-20}$$

构造解析信号为

$$z_i(t) = PF_p(t) + j\,P\hat{F}_p(t) = a_i(t)\mathrm{e}^{j\phi_i(t)} \tag{5-21}$$

于是得到幅值函数和相位函数分别为式（5-22）和式（5-23）

$$a_i(t) = \sqrt{PF_p{}^2(t) + P\hat{F}_p{}^2(t)} \tag{5-22}$$

$$\phi_i(t) = \arctan\frac{P\hat{F}_p(t)}{PF_p(t)} \tag{5-23}$$

进一步可以求出瞬时频率如下

$$f_i(t)=\frac{1}{2\pi}\omega_i(t)=\frac{1}{2\pi}\times\frac{\mathrm{d}\phi_i(t)}{\mathrm{d}t} \tag{5-24}$$

这样，可以得到

$$x(t)=RP\sum_{i=1}^{n}a_i(t)\mathrm{e}^{j\phi_i(t)}=RP\sum_{i=1}^{n}a_i(t)\mathrm{e}^{j\int\omega_i(t)\mathrm{d}t} \tag{5-25}$$

其中 RP 表示取实部。展开式（5-25）称为 Hilbert 谱，记作

$$H(\omega,t)=RP\sum_{i=1}^{N}a_i(t)\mathrm{e}^{j\int\omega_i(t)\mathrm{d}t} \tag{5-26}$$

式（5-26）精确地描述了信号的幅值在整个频率段上随时间和频率的变化规律。信号幅度可以表示为时间频率平面的等高线，也可以在三维空间表示为时间和瞬时频率的函数。

同上所述，将信息熵引入时频分析的思路和进行能量熵计算的方法是将时频平面等分为 N 个面积相等的时频块，每块内的能量为 $W_i(i=1,2,\cdots,N)$，整个时频平面的能量为 A，对每区块进行能量归一化，得 $q_i=W_i/A$，于是有 $\sum_{i=1}^{N}q_i=1$，符合计算信息熵的初始归一化条件。仿照信息熵的计算公式，基于 Hilbert 变换的时频熵计算公式为

$$s(q)=-\sum_{i=1}^{N}q_i\ln q_i \tag{5-27}$$

根据信息熵的基本性质，q_i 分布越均匀，能量熵值 $s(q)$ 越小，反之能量熵值 $s(q)$ 越大。

5.3.2 应用实例

1. 埋弧焊过程电弧能量特征分析

在给定不同焊接电压、电流、焊接速度等焊接参数的条件下进行埋弧焊堆焊试验，采集相应焊接参数的电信号数据。具体焊接参数及焊接结果见表 5-5。

表 5-5　焊接参数及焊接结果

试验序号	电流 I/A	电压 U/V	焊接速度 v/(m/min)	频率 f/Hz	占空比 D	焊 接 情 况
1	630	40	0.6	50	0.5	无短路、断弧，过程稳定，焊接成形好
2	630	40	1.2	50	0.5	有断弧，过程不稳定，焊缝成形差
3	630	40	1.2	80	0.5	无短路、断弧，过程稳定、焊接成形好
4	630	40	1.2	100	0.5	无短路、断弧，过程稳定、焊接成形好

LMD 的电弧电信号特征提取过程如图 5-19 所示。图 5-20 是对应每组焊接参数小波包去噪后的焊接电流信号及其 LMD 的时频分布。

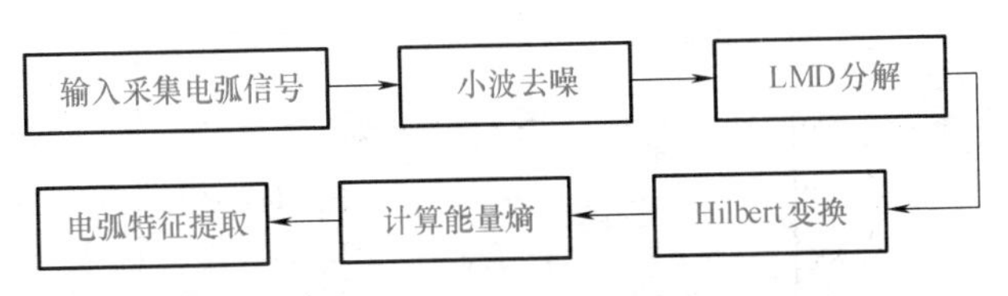

图 5-19　LMD 的电弧电信号特征提取过程

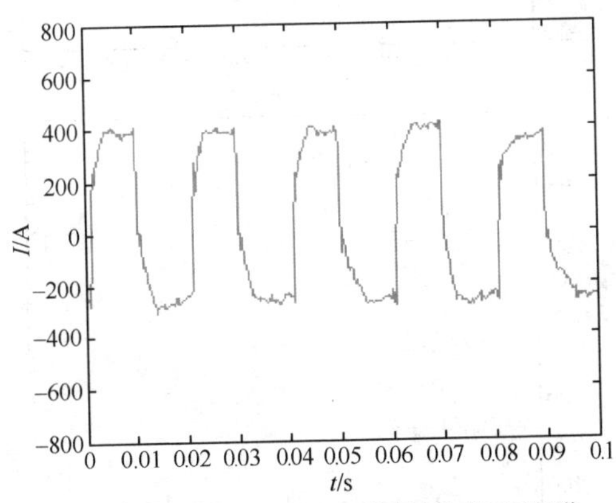

a) 试验序号1小波包去噪后的焊接电流波形及时频谱

图 5-20　各组试验小波包去噪后的焊接电流波形及时频谱

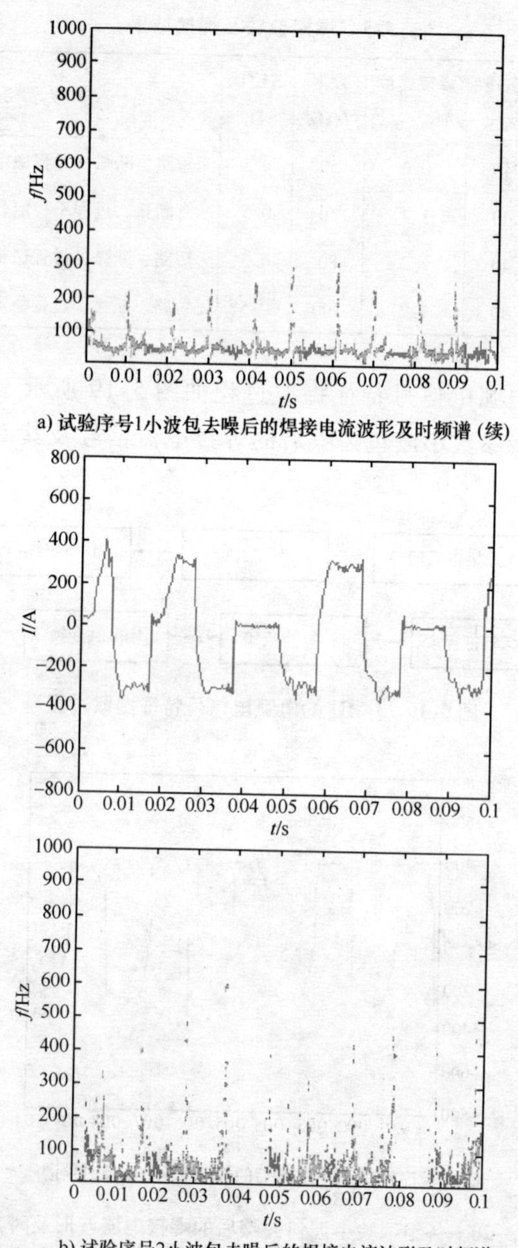

a) 试验序号1小波包去噪后的焊接电流波形及时频谱（续）

b) 试验序号2小波包去噪后的焊接电流波形及时频谱

图 5-20 各组试验小波包去噪后的焊接电流波形及时频谱（续）

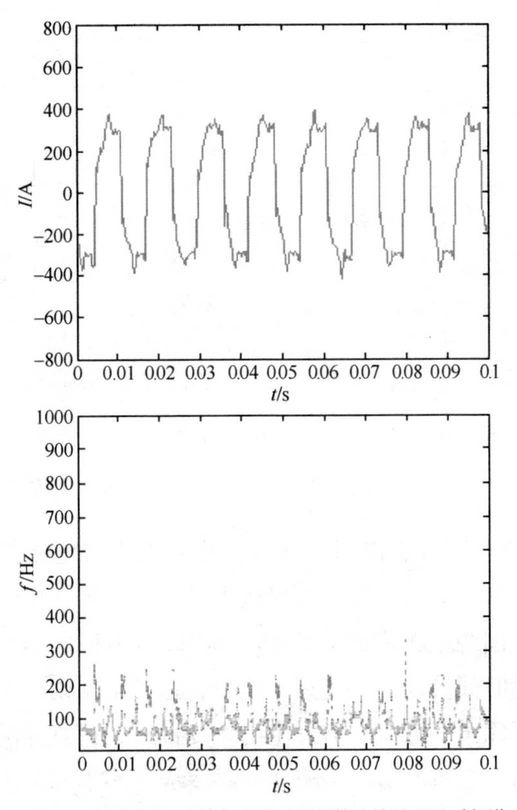

c) 试验序号3小波包去噪后的焊接电流波形及时频谱

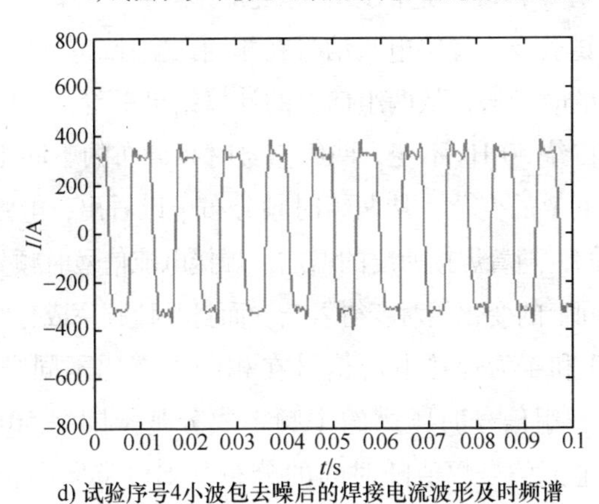

d) 试验序号4小波包去噪后的焊接电流波形及时频谱

图 5-20　各组试验小波包去噪后的焊接电流波形及时频谱（续）

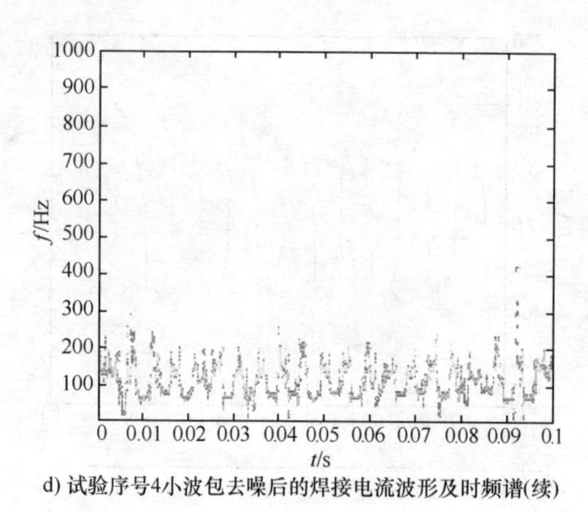

d) 试验序号4小波包去噪后的焊接电流波形及时频谱(续)

图 5-20 各组试验小波包去噪后的焊接电流波形及时频谱（续）

从图 5-20 中可以看出每组试验采集到的焊接电流信号的幅值在时间和频率的联合分布情况和焊缝成形情况。从图 5-20 中可以看出，各组信号基本围绕主频率成分 50Hz、80Hz 或 100Hz 不变，还存在些是围绕主频随时间波动的其他频率成分，这种不规则频率成分是焊接电源本身实际输出的电流波形发生的畸变部分，而且伴随主频电流波形呈随机分布。电流波形发生畸变的频率成分多少和范围的大小直接影响电弧能量分布情况，进而影响焊缝成形。

试验 1 和试验 2 为焊接电流信号在相同占空比和频率、不同焊接速度条件下计算的时频谱，从两组信号的计算结果来看，它们的时频谱主频率成分基本围绕 50 Hz 不变，两组信号时频分布的不同主要表现在幅值随频率和时间上的变化。从两组时频分布可以看出，电弧能量随着焊接变化是不同的，随着焊接速度的增加，焊接电流信号时频分布表现出幅值在频率和时间上的变化相对变得复杂，而且其他频率成分明显增多。

试验 2、3 和 4 为焊接电流信号在相同占空比不同频率条件下计算的时频谱，三组信号时频谱的主频率成分基本围绕 50Hz、80Hz 和 100Hz 不变，电流信号幅值随时间的分布基本没有区别，但是三组信号的时频分布的不同主要表现在幅值随频率上的变化，从三组时频分布可以看出，电弧能量随着频率变化是不同。随着频率的增加，其他频率成分相对较少，反映出能量比较集中。

将每组试验焊接电流信号得到的时频谱按式（5-27）进行能量熵的计算，计算结果见表5-6。

表 5-6　每组试验时频谱的能量熵

试验号	1	2	3	4
计算熵值	7.6827	11.3417	9.2345	8.5112

由表5-6可知，焊接速度为1.2m/min和频率为100Hz时计算的能量熵最小，这是因为焊接过程焊接电源输出的电流波形正负半波相等，在输出频率不同的情况下，相对于电流波形频率50Hz和80Hz，电流幅值在相同时间尺度上的变化相对较小，电流波形反映在时频平面上的电弧能量分布较均匀，计算的熵值较小。

在相同电流波形参数焊接时，由表5-6可知，当焊接速度由0.6m/min变为1.2m/min，计算的能量熵变大。当交流方波频率由50Hz调为80Hz和100Hz时，计算的能量熵值相应变小。表明随着频率的增大，焊接电弧更为稳定。

从上述试验及计算结果来看，改变交流方波埋弧焊焊接电流波形频率和焊接速度，都会导致电弧能量在时域和频域上分布的不同，进而影响焊接过程电弧的稳定性和焊缝成形效果。因此通过合理的交流方波埋弧焊焊接电流波形参数，能有效获得电弧能量在时域和频域上均匀地分布，保证焊接过程稳定和获得良好的焊接效果。

2. 双丝埋弧焊焊接参数搭配合理性评估

分别设计6组不同搭配的双丝埋弧焊焊接参数进行焊接试验，计算每组试验中两电弧电流信号的LMD能谱熵，同时结合每组试验的焊缝成形外观来对各组参数的搭配情况及焊接过程的稳定性进行评估，结果见表5-7。从表中结果可知，在6组试验中，编号为2、5、6的焊接参数搭配对应的焊接过程电弧不稳定，具体表现为前后丝电弧电流信号的 LMD 能谱熵值较大，并且焊缝成形较差。前后丝电流信号对应的 LMD 能谱熵变化曲线分别如图 5-21a 和图 5-21b 所示。根据双丝埋弧焊的基本焊接参数搭配要求：前丝电流需稍大于后丝电流以取得较深的熔深，后丝电流过大则会导致焊缝的边缘不规则；后丝电压需大于前丝电压以取得较平滑的焊缝外观，过高的电压同样会导致焊缝不规则以及焊缝的凹陷现象。再结合通过 LMD 能谱熵分析所得焊接电弧稳定性较差的几组焊接参数搭配，不难发现其搭配上的不合理性：例如第 6 组参数前后丝电压相等；而第 2 组和第 5 组参数中的前丝电压均大于后丝电压。正是这些参数搭配上的不合理最终导致了焊接过程电弧的不稳定以及焊缝成形出现缺陷等。

表 5-7 6 组不同双丝埋弧焊焊接参数搭配及对应电流信号的 LMD 能谱熵

编号	I_1/A	U_1/V	I_2/A	U_2/V	l/mm	v/(cm/min)	LMD 能谱熵 I_1	LMD 能谱熵 I_2	焊缝成形情况
1	550	32	450	36	20	80	1.1884	1.1132	正常
2	600	38	400	36	25	120	1.4964	1.5017	驼峰
3	650	30	500	42	20	120	1.1579	1.1930	正常
4	700	32	600	38	15	120	1.2274	1.2380	正常
5	700	38	500	34	30	80	1.4144	1.3500	咬边
6	750	34	450	34	35	120	1.4925	1.4540	驼峰

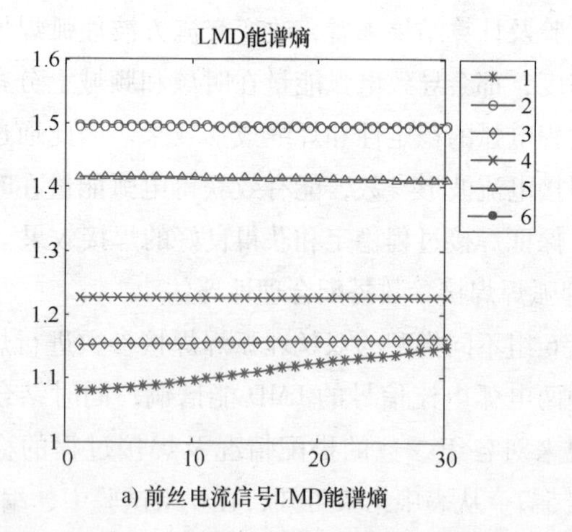

a) 前丝电流信号LMD能谱熵

图 5-21 前后丝电流信号 LMD 能谱熵

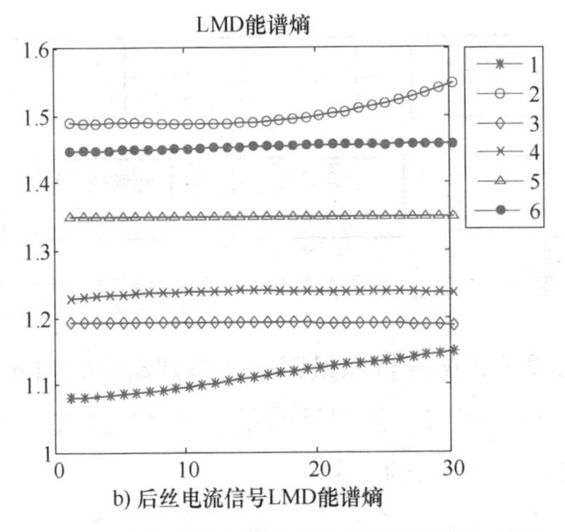

图5-21　前后丝电流信号LMD能谱熵（续）

5.4　基于LMD能量熵与SVM的焊接缺陷智能监测

5.4.1　原理与方法

焊接参数搭配是否合理直接决定焊接过程电弧能量信号特征，进而影响电弧稳定性和焊缝成形质量。据此提出了利用局部均值分解对采集的电弧电流信号进行自适应分解，获得若干个具有真实物理意义的 *PF* 分量，并对每一个 *PF* 分量进行能量熵计算，并以此作为支持向量机分类器的输入来评价焊接参数搭配是否合理和识别焊接电弧的稳定性及焊缝成形质量。

基于LMD能量熵和支持向量机分类器的焊接质量监测方法流程图如图5-22所示，该监测方法步骤如下：

1）按正交试验方案给定焊接参数进行焊接试验，同时进行电弧电流信号数据采集，得到电弧电流信号数据训练和测试样本。

2）对每一个电弧电流信号数据样本进行LMD分解，得到 n 个 *PF* 分量，每个 *PF* 分量对应一个数据样本 $\{x_{pt}\}$，$p=1, 2\cdots, n$，$t=1$，

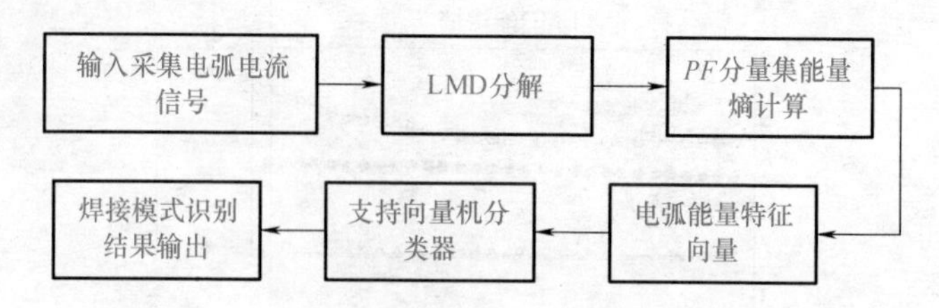

图 5-22 基于 *PF* 分量能量熵和 SVM 的焊接质量监测方法流程图

2…，N；$t=1$，2…，N 进行能量归一化得到新的时间序列 $\{\hat{x}_{pt}\}$，$t=1$，2…，N，进行数据归一化的目的是为了消除原始采样信号的幅值对系统状态特征参数提取的影响。

3）将每个数据样本 $\{\hat{x}_{pt}\}$ 等长度分成 m 段数据，求每段数据的总能量 E_i，相应的可计算出每个 *PF* 分量的能量 E_1，E_2，…，E_m。

4）定义每个 *PF* 分量的能量熵值为特征能量。

$$S_p(q) = -\sum_{i=1}^{m} q_i \ln q_i \tag{5-28}$$

式中，$q_i=E_i/E$ 表示每个 *PF* 分量等分后第 i 段数据的能量在总能量 $E=\sum_{i=1}^{m}E_i$ 中的比重；根据熵的基本性质，q_i 分布越均匀，能量熵值越小，反之能量熵值越大，*PF* 分量的能量熵值反映了焊接过程电弧能量分布均匀程度，即可以刻画电弧稳定程度和焊缝成形质量。

5）对每个电弧电流数据样本可以构造一个 n 维的能量特征向量矩阵 $T=[S_1, S_2, \cdots, S_n]$，可作为特征向量输入支持向量机。

6）建立支持向量机组成的焊缝成形质量分类器。将电弧能量特征向量 T 输入支持向量机，对支持向量机进行训练。如果要区分正常、咬边和驼峰 3 种焊缝成形状态，只需设计 2 个分类器即可。对 SVM1 定义 $y=1$ 表示咬边，$y=-1$ 表示正常或驼峰，即用 SVM1 将正常分离出来；再对 SVM2 定义 $y=1$ 表示正常，$y=-1$ 表示驼峰，即用 SVM2 将驼峰分离出来。如果有更多类型的焊缝成形类型需要识别，则可依次设计 SVM3、SVM4 等将其余焊缝成形类型一一识别。

7）采集测试电弧电流信号，按照步骤 2）、3）、4）、5）形成特征向量 T，并将其作为 SVM 分类器的输入，以 SVM 分类器的输出来识别焊接工艺搭配合理性、电弧稳定性和焊缝成形质量类型。

5.4.2　应用实例

采用正交法设计试验方案，在给定不同焊接电压、电流、焊接速度等焊接参数的条件下进行埋弧焊堆焊试验，采集相对应焊接参数的电信号数据，试验方案及焊缝成形结果见表 5-8，16 组试验中得到焊缝成形情况分别有正常（焊道表面整齐、光滑）、咬边（焊道表面边角不整齐、凹陷）和驼峰（焊道中有明显高低起伏、不连续、有凹陷），对每组试验过程采集的电弧电流信号进行 LMD 分解、*PF* 分量特征向量构建，表 5-9 列出了试验 1、7 和 14 计算得到的 *PF* 分量特征向量，从表中可以看出，不同类型的焊缝成形，经过 LMD 分解后得到 *PF* 分量的能量熵值各不相同，说明 *PF* 分量的能量熵值能作为支持向量机的输入向量。分别提取试验中焊接参数或焊缝成形类型和相对应计算得到 *PF* 分量特征向量，便可构成用于识别焊接工艺合理性和焊缝质量的训练样本。将提取出来的特征向量输入到由 3 个支持向量机组成的焊接质量分类器中进行训练。同时，设计测试试验方案，用于测试焊接质量分类器分类效果，并将每组测试试验方案计算出的特征向量，输入已经训练好的支持向量机中进行焊接质量的模式识别，其结果见表 5-10。

表 5-8　交流方波埋弧焊正交试验方案及结果

序号	电流/A	电压/V	频率/Hz	占空比	焊接速度/(m/min)	焊缝成形情况
1	400	36	50	0.3	0.6	正常
2	400	38	80	0.5	1.0	咬边
3	400	40	100	0.8	1.4	驼峰
4	500	36	80	0.5	0.6	正常
5	500	38	100	0.8	1.0	咬边

（续）

序号	电流/A	电压/V	频率/Hz	占空比	焊接速度/（m/min）	焊缝成形情况
6	500	40	50	0.3	1.4	驼峰
7	600	36	50	0.8	1.0	咬边
8	600	38	80	0.3	1.4	驼峰
9	600	40	100	0.5	0.6	正常
10	400	36	100	0.5	1.4	驼峰
11	400	38	50	0.8	0.6	正常
12	400	40	80	0.3	1.0	咬边
13	500	36	100	0.3	1.0	咬边
14	500	38	50	0.5	1.4	驼峰
15	500	40	80	0.8	0.6	正常
16	600	36	80	0.8	1.4	驼峰
17	600	38	100	0.3	0.6	正常
18	600	40	50	0.5	1.0	咬边

表 5-9　三种焊缝成形类型对应电弧电流信号特征向量

试验序号	焊缝成形类型	特征向量				
		S_1	S_2	S_3	S_4	S_5
1	正常	2.9984	2.4598	2.5138	2.4282	3.3693
7	咬边	3.9235	3.3980	3.7201	3.8564	3.8680
14	驼峰	4.4189	4.8995	4.8009	4.2463	3.0882

表 5-10　支持向量机测试结果

序号	电流/A	电压/V	焊接电弧参数		焊接速度/（m/min）	焊缝成形情况	SVM 分类器		分类结果
			频率/Hz	占空比			SVM1 分类结果	SVM2 分类结果	
1	430	36	50	0.3	0.6	正常	−1	+1	正常
2	460	38	80	0.5	1.0	咬边	+1		咬边
3	490	40	100	0.8	1.4	驼峰	−1	−1	驼峰
4	520	40	100	0.8	1.4	驼峰	−1	−1	驼峰
5	550	38	80	0.5	1.0	咬边	+1		咬边
6	580	36	50	0.3	0.6	正常	−1	+1	正常

从表 5-10 中可以看出，将得到各个 *PF* 分量能量熵构建的电弧特征向量，作为支持向量机分类器的输入来对焊缝成形类型进行分类。能有效实现对焊接参数搭配合理性、电弧的稳定性和焊缝成形质量进行辨识。而且支持向量机能够对测试样本进行正确率很高的识别率，说明基于 LMD 能量熵和 SVM 的焊接质量监测方法是有效的。

参考文献

[1] Li Xuejun, Li Qi, He Kuanfang, et al. Arc Stability Analysis of Square Wave Alternating Based on Wavelet Energy Entropy [J]. Journal of Convergence Information Technology, 2012, 7 (22): 710-718.

[2] He Kuanfang, Wu Jigang, Li Xuejun. Wavelet Analysis for Electronic Signal of Submerged Arc Welding Process, Shanghai [C], China, 2011: 1139-1143.

[3] He K F, Li Q, Chen J. An arc stability evaluation approach for SW AC SAW based on Lyapunov Exponent of welding current [J]. Measurement, 2013, 46 (1): 272-278.

[4] He Kuanfang, Zhang Zhuojie, Xiao Siwen, et al. Feature extraction of AC square wave SAW arc characteristics using improved Hilbert-Huang transformation and energy entropy [J]. Measurement, 2013, 46 (4): 1385-1392.

[5] He Kuanfang, Wu Jigang, Wang Guangbin. Time-Frequency Entropy Analysis of Alternating Current Square Wave Current Signal in Submerged Arc Welding [J]. Journal Of Computers, 2011, 6 (10): 2092-2097.

[6] He Kuanfang, Xiao Siwen, Wu Jigang, et al. Time-Frequency Entropy Analysis of Arc Signal in Non-stationary Submerged Arc Welding [J]. Engineering, 2011, 3 (2): 105-109.

[7] 何宽芳，肖思文，伍济钢. 小波消噪与 LMD 的埋弧焊交流方波电弧信息提取 [J]. 中国机械工程，2013，16 (24): 2141-2145.

[8] 何宽芳，李学军. A quantitative estimation technique for welding quality using local mean decomposition and support vector machine [J]. Journal of Intelligent Manufacturing, 2016 (2): 525-533.

第 6 章 双丝埋弧焊焊接参数智能优化

考虑到埋弧焊是一个多输入、非线性、时变、强耦合并伴有强烈的电磁干扰等条件下的复杂过程，建立准确而有效的焊接参数优化模型和选择合适的优化算法是实现焊接过程焊缝成形工艺优化的前提。随着人工智能和现代优化理论在工业领域的应用，为焊接过程理论预测建模和工艺优化提供了有效的方法[1-4]。电弧稳定性直接影响焊接过程的稳定性及焊缝成形质量，而在双丝埋弧焊中由于可调节焊接参数较多，各焊接参数搭配得合适与否将对焊接过程电弧的稳定性产生重要影响。因此，通过提取能表征焊接过程电弧稳定性和焊缝成形质量的特征量，选择对焊缝成形影响较大的焊接参数，运用人工神经网络技术建立焊接参数与焊接过程电弧稳定性和焊缝成形质量特征量的非线性映射模型，并结合粒子群优化算法实现双丝埋弧焊工艺优化选择。

6.1 双丝埋弧焊工艺优化问题描述

焊接参数优选一直是广大焊接设计人员关注的问题。长期以来，焊接参数的设置是凭借经验通过反复试验获取。数值模拟技术分析可以在计算机上模拟指定焊接参数条件下的焊缝成形过程，在很大程度上减轻了焊接设计人员的试验负担，但其无法定量地提供焊接参数的修改方向和尺度，合理工艺设置的获取仍然依赖于经验。因此，根据一定的优化原则，由软件自动推荐一组最佳焊接参数搭配，无疑能大大节省工艺工程师用于确定工艺方案的时间，也是双电弧高速埋弧焊焊缝成形质量保证的前提条件。

双电弧埋弧焊焊接过程中，焊缝成形质量受多种因素的影响，包括设备性能、材料性能、操作人员的经验和外界干扰，但所有这些影响因素中，焊接参数对焊缝成形和最终焊缝质量有最直接的影响，只有合适的工艺设置，才能将好的设备性能及材料性能反映到焊缝成形中。可见，焊接参数的优化对提高焊缝成形质量有重要意义。

要进行双电弧高速埋弧焊焊接工艺最优化设计，必须先建立最优化问题的数学模型，它有三个要素，即设计变量、约束条件和目标函数。

在焊接参数设计中，应把那种对焊接质量效果影响大的因子作为设计变量，选择的设计变量数越多，优化的自由度越大，计算效果也会显著增大。这里选择电弧焊接电流、电压、焊接速度及焊丝间距作为设计变量，以 $X=[x_1,x_2,\cdots,x_p]^T$ 表示。

在实际工作中，能够接受的最优焊接参数设计方案常常是在满足一定条件下的最优，这些条件叫作约束条件。在设计焊接电流、电压、焊接速度和焊丝间距等参数时，必须满足对焊缝截面形状尺寸的要求，列出的约束条件越接近实际问题，则求出的最优解越接近实际问题的最优方案。约束条件一般可表示为：

$$stg_j(X)=g_j(x_1,x_2,\cdots,x_n)\leqslant 0(\text{或}\geqslant 0)j=1,2,\cdots,r \tag{6-1}$$

式中　n——设计变量数；

r——约束条件数。

若在一切可能的方案中寻求最优方案，就要确定一个评价最优方案的标准，这个标准与设计变量之间的函数关系称为目标函数，表示为：

$$S=f(x)=f(x_1,x_2,\cdots,x_n) \tag{6-2}$$

在满足约束条件的情况下，对目标函数求极值，即可求出最佳方案。因此，最优化问题的数学模型可归结为：

$$\begin{cases} \min f(X) \\ g_j(X)\leqslant 0 \end{cases} \quad j=1,2,\cdots,r \tag{6-3}$$

6.2 焊接参数与电弧能量特征神经网络建模

6.2.1 BP 神经网络

1986 年，Rumelhart 等提出了 Back Propagation Network，即 BP 神经网络，在目前有关神经网络的应用研究中，BP 神经网络是广泛采用的算法之一[5]。当训练数据充足的前提下，利用 BP 神经网络可以达到很好的预测效果。据统计，80% ~90% 的神经网络应用都采用了 BP 网络模型或者它的变形，有研究已经证明，在隐含层节点数目可以根据需要自由设置的情况下，三层前向 BP 网络可以实现以任何精度逼近任意连续函数[6,7]。

BP 神经网络是一种单向传播的多层前向网络，网络除输入输出结点外，还包括一层或多层隐含节点，同层内节点之间没有任何联系。输入信号从输入层节点依次传过各隐含层节点，然后传到输出节点，每一层节点的输出只影响到下一层节点的输出。基本 BP 算法主要包括两个过程：信号的前向传播以及误差的反向传播。即由输入通过 BP 网络计算实际输出是按前向进行，而修正权值和阈值的过程是按从输出到输入逆向进行。图 6-1 为标准的三层 BP 神经网络模型结构图。

下面以图 6-1 所示三层 BP 网络为例，介绍其学习过程。

首先对符号的形式及意义说明如下：

网络输入向量 $P_k=(a_1,a_2,...,a_n)$；

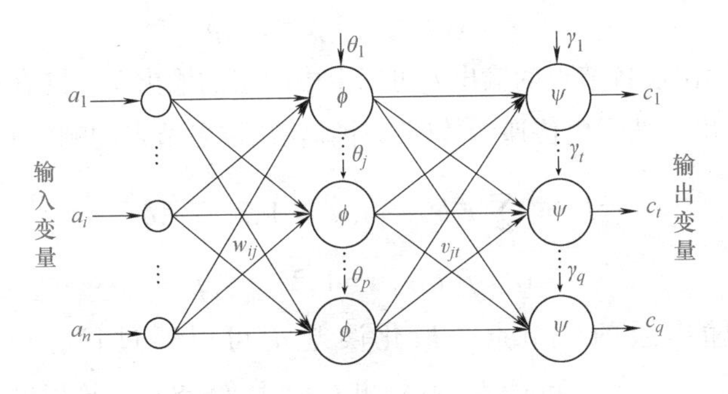

图6-1　BP网络结构

网络目标向量 $T_k=(y_1,y_2,\dots,y_q)$；

中间层单元输入向量 $S_k=(s_1,s_2,\dots,s_p)$，输出向量 $B_k=(b_1,b_2,\dots,b_p)$；

输出层单元输入向量 $L_k=(l_1,l_2,\dots,l_q)$；输出向量 $C_k=(c_1,c_2,\dots,c_q)$；

输入层至中间层的连接权 w_{ij}，$i=1,2,\dots,n$，$j=1,2,\dots,p$；

中间层至输出层的连接权 v_{jt}，$j=1, 2, \dots, p$，$t=1, 2, \dots, q$；

中间层各单元的输出阈值 θ_j，$j=1, 2, \dots, p$；

输出层各单元的输出阈值 γ_t，$t=1, 2, \dots, q$；

参数 $k=1, 2, \dots, m$，为训练样本序号。

BP神经网络学习过程及步骤如下：

1）初始化。给每个连接权值 w_{ij}、v_{jt}、阈值 θ_j、γ_t 赋予区间（-1，1）内的随机值。

2）随机选取一组输入和目标样本 $P_k=(a_1^k, a_2^k, \dots, a_n^k)$、$T_k=(y_1^k, y_2^k, \dots, y_q^k)$ 提供给网络。

3）中间层各节点的输入 s_j 可由输入样本 $P_k=(a_1^k, a_2^k, \dots, a_n^k)$、连接权 w_{ij} 和阈值 θ_j 通过式（6-1）计算得出，中间层各节点的输出 b_j 可以用 s_j 通过传递函数求出。

$$s_j = \sum_{i=1}^{n} w_{ij}a_i^k - \theta_j, j = 1,2,\dots,p \tag{6-4}$$

$$b_j = f(s_j), j = 1,2,...,p \tag{6-5}$$

4）输出层各节点的输出 L_t 可以由中间层的输出 b_j、权值 v_{jt} 和阈值 γ_t 计算得出，然后由传递函数即可计算输出层各节点的响应 C_t。

$$L_t = \sum_{j=1}^{p} v_{jt} b_j - \gamma_t, t = 1,2,...,q \tag{6-6}$$

$$C_t = f(L_t), t = 1,2,...,q \tag{6-7}$$

5）输出层的各节点一般化误差 d_t^k 可以通过目标向量 $T_k = (y_1^k, y_2^k, ..., y_q^k)$ 和网络实际输出 C_t 由式（6-8）计算得出。

$$d_t^k = (y_t^k - C_t) \cdot C_t \cdot (1 - C_t), t = 1,2,...,q \tag{6-8}$$

6）中间层各节点的一般化误差 e_j^k 可以通过连接权值 v_{jt}、输出层各节点一般化误差 d_t^k 和中间层的输出 b_j 由式（6-9）计算得出。

$$e_j^k = \left[\sum_{t=1}^{q} d_t^k \cdot v_{jt} \right] b_j (1 - b_j) \tag{6-9}$$

7）连接权值 v_{jt} 和阈值 γ_t 的修正可以利用输出层各节点的一般化误差 d_t^k 与中间层各节点的输出 b_j 通过式（6-10）和式（6-11）实现。

$$v_{jt}(N+1) = v_{jt}(N) + \alpha \cdot d_t^k \cdot b_j \tag{6-10}$$

$$\gamma_t(N+1) = \gamma_t(N) + \alpha \cdot d_t^k \tag{6-11}$$

$$t = 1,2,...,q, j = 1,2,...,p, 0 < \alpha < 1$$

8）连接权 w_{ij} 和阈值 θ_j 的修正可以利用中间层各节点的一般化误差 e_j^k 和输入层各节点的输入 $P_k = (a_1^k, a_2^k, ..., a_n^k)$ 通过式（6-12）和式（6-13）实现。

$$w_{ij}(N+1) = w_{ij}(N) + \beta e_j^k a_i^k \tag{6-12}$$

$$\theta_j(N+1) = \theta_j(N) + \beta e_j^k \tag{6-13}$$

$$i = 1,2,...,n, j = 1,2,...,p, 0 < \beta < 1$$

9）接着继续随机选取一个学习样本提供给 BP 网络，从步骤 3）开始重复以上过程，直到 m 个训练样本训练完毕为止。

10）随机地从 m 组学习样本中选取一组输入向量和目标向量，返回步骤 3）重复迭代过程，直到网络收敛为止，即全局误差 E 小于设定的某一阈值。如果全局误差始终大于预先设定的值，表明网络无法收敛。

11）网络学习结束。

从以上步骤可以看出，第7)~8）步为网络误差的反向传播过程，第9)~10）步为完成网络训练的过程。

虽然标准的 BP 神经网络具有结构简单，泛化能力强，容错性好等优点，但由于存在收敛速度慢和目标函数存在局部极小的问题，使得实际应用中 BP 神经网络运算速度慢、预测精度低。因此，需要对其进行改进以取得更快的网络收敛速度和更好的预测结果。目前常用的 BP 网络改进措施有动量法、自适应调整学习率法以及 L-M 优化方法等。

1）动量法。标准 BP 算法只按照 t 时刻负梯度方向来修正权值 $W(t+1)$，并没有考虑过往时刻的梯度方向，因而会导致训练过程中产生振荡，使收敛速度缓慢。动量因子的加入可以使网络对误差曲面局部调节的敏感性降低，这样就降低了网络陷入局部极小的概率。动量法中网络学习的校正量受到前一次学习校正量的影响，因而可以加快网络的收敛速度。即

$$\Delta W'(N)=\Delta W(N)+G\Delta W(N-1) \tag{6-14}$$

式中　G——动量因子，$0<G<1$。

2）自适应调整学习率法。在自适应调整学习率法中，网络学习速率随误差曲面的梯度改变而改变，能有效提高网络的收敛速度。其基本思想是：首先检查权值阈值的修正是否真正降低了误差；若误差降低，说明学习效率较低，可以对其适当增加一个量，反之，则说明已经过调，应适当减小网络的学习速率。具体调整公式为

$$\begin{cases}\partial(N+1)=1.05\partial(N) & E(N+1)>1.04E(N)\\ \partial(N+1)=0.7\partial(N) & E(N+1)<E(N)\\ \partial(N+1)=\partial(N) & \text{其他}\end{cases} \tag{6-15}$$

3）L-M 优化方法。L-M 优化方法的权值调整策略为

$$\Delta W = (J^T J + UJ)^{-1} J^T E \tag{6-16}$$

式中 J——误差对权值微分的雅可比矩阵；

E——误差向量；

U——能自适应调整的学习速率。

L-M 优化方法将梯度下降法和拟牛顿法各自的优势相结合，充分利用梯度下降法在开始阶段收敛速度快的特点和拟牛顿法在极值附近能很快产生一个理想搜索方向的特点，使得网络的收敛速度和准确率均有所提高。

6.2.2 焊接参数与电弧能量特征神经网络模型

BP 神经网络应用的关键在于网络结构的选取与参数的设计[8-10]，因此 BP 网络的设计过程实际上是一个网络参数不断调整的过程。

1. 网络输入/输出节点参数确定

输入/输出节点参数与样本直接相关，因此只要样本格式确定，则 BP 网络的输入/输出节点参数可由样本格式得到。在第 5 章所述埋弧焊电弧信息处理，以前后丝电弧电流信号的 LMD 能谱熵值作为表征电弧稳定性的特征量，因此，取前后丝电流信号的 LMD 能谱熵值作为 BP 神经网络的输出。影响双丝埋弧焊电弧稳定性的因素主要为电源特性及焊接参数的搭配等，而电源特性受电源本身设计制造过程影响，在出厂时已经基本确定。因此，本章主要研究焊接参数的搭配对双丝埋弧焊电弧稳定性的影响。在保持后丝电弧交流频率和占空比以及焊丝直径不变的情况下，主要考察前后丝电流、电压的大小以及双丝间距和焊接速度六个因子对焊接过程电弧稳定性和焊缝成形质量的影响规律。因此，取前后丝电流、电压的大小以及双丝间距和焊接速度等六组参数作为 BP 神经网络的输入。根据双丝埋弧焊的常用焊接参数，设置前丝电流取值分别为 550A、600A、650A、700A 和 750A；前丝电压的取值分别为 30V、32V、34V、36V 和 38V；后丝电流的取值分别为 400A、450A、500A、550A 和 600A；后丝电压的取值分别为 34V、36V、38V、40V 和 42V；双丝间距取值分别为 15mm、20mm、25mm、30mm 和 35mm；焊接速度取值分别为 60cm/min、80cm/min、100cm/min、120 cm/min 和 140 cm/min。在此基础上固定后丝方波交流的频率为 80Hz，占空比为 0.5，焊丝直径为 4mm，伸出长度为 25mm，板厚为 20mm 以及其他条件保持不变的情况下，按照 6 因素 5 水平正交表 $L_{25}(5^6)$ 组织工艺试验，所得 25 组焊接参数搭配及其前后丝电流信号的 LMD 能谱熵作为 BP 神经网络的训练样本。

为了让 BP 网络的预测结果更加合理，首先需要对输入输出样本进行归一化处理，即采用简单线性变换的方式，使网络的输入输出数据均处在 [0, 1] 范围之内。假设 x_{max} 和 x_{min} 是一组数据的最大值和最小值，则将这组数据进行归一化的方法为

$$x(n) = \frac{x(n) - x_{min}}{x_{max} - x_{min}} \tag{6-17}$$

由于网络输出为电流信号的 LMD 能谱熵，其取值均在 [0, 2] 之间，因此只需对网络输入样本进行归一化处理。

2. 隐含层及其节点数的确定

BP 神经网络所具有的最大的特点是非线性函数的拟合。由于 BP 神经网络是通过网络输入到网络输出的计算来实现其非线性拟合功能的，所隐含层数的增多虽然可能会使预测结果更精确，但程序在实际应用中需要花费更长的运行时间。在隐含层数的确定上，有理论分析表明：隐含层数最多为两层即可。具有单隐含层的 BP 神经网络已经能够实现所有连续函数的映射，只有在对不连续函数进行逼近时，才需要大于一个隐含层的神经网络。所以，本章采用输入层-隐含层-输出层三层的结构模式来进行 BP 神经网络设计。

如何合理地选择隐含层节点的数目是神经网络设计过程中比较关键的问题，因为隐含层节点数直接关系到所设计网络预测性能的好坏。关于如何选取合适的隐含层节点数目前并无严格的理论指

导。对于隐含层节点数量如何确定的问题，有学者提出隐含层节点数应等于输入与输出节点数之和的二分之一或者二次根的大拇指规则：

$$S=\frac{m+n}{2}+\alpha \text{ 或 } S=\sqrt{m+n}+\alpha \tag{6-18}$$

式中 m——输入节点数；

n——输出节点数。

另外关于隐含层节点的确定，有 Komogorov 定理指出：对于任意连续函数，可以由一个三层网络来精确实现它，其中网络输入有 m 个节点，隐含层有 $2m+1$ 个节点，输出层有 n 个节点。

但目前最常用的还是试验尝试法，即首先根据一定的规则确定隐含层节点的初始取值，然后在该初始值附近采用相同的样本训练具有不同隐含层节点数的网络，直到网络权值稳定不变为止。根据 Komogorov 定理，分别设置隐含层节点数为 12、13、14 来对网络进行训练，相应的误差收敛曲线如图 6-2 所示。从图中对比可以看出，当隐含层节点数为 13 时网络收敛速度最快。

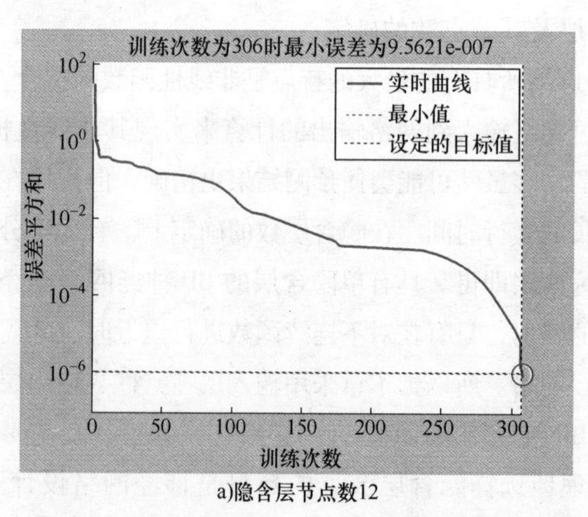

a)隐含层节点数12

图 6-2 不同隐含层节点下的网络训练误差曲线

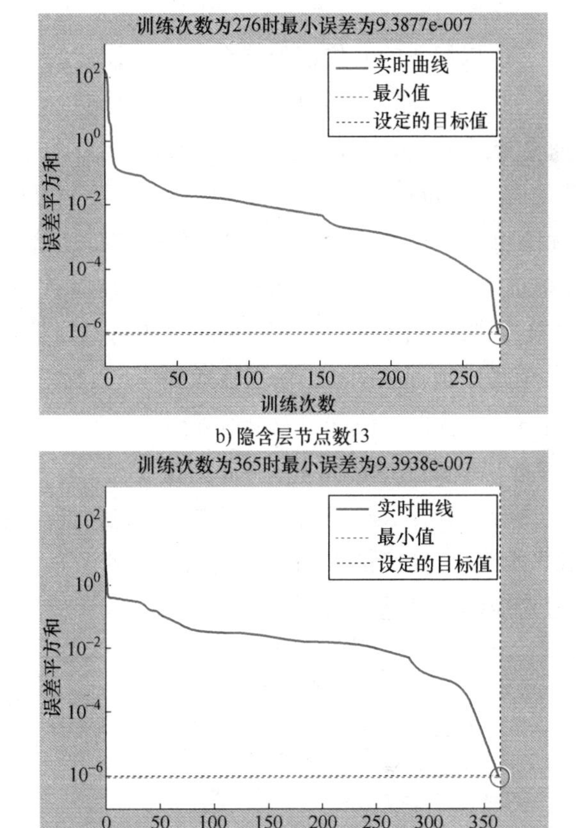

b) 隐含层节点数13

c) 隐含层节点数14

图 6-2　不同隐含层节点下的网络训练误差曲线（续）

3. 初始权值和学习速率的选择

在对网络进行初始化时，需要给各连接权值、阈值设定一个初始值。权值的初始值设置是否合理直接影响所设计网络能否最终达到设定的误差范围。如果权值初始值设置太高，会增加部分神经元的净输入，削弱了权值的调整作用。因此，对于初始权值的选取，尽量使其在输入累加时每个神经元的状态接近于零，这样可防止 $f(x_i)$ 在开始时落到曲线的平坦处而使其微商接近于零。而且研究表明，若权值的初始值相等，则在学习过程中它们将保持恒定，从而无法使网络训练误差降到最小，所以权值的初始值不能全相同。设计的 BP 神经网络初始权值取［-1，1］之间的随机数，权值取值既小又各不相同，这样可以保证每个神经元一开始都在它们转换函数变化最大的地方进行。

BP 算法的有效性和收敛性在很大程度上取决于学习速率 η 的取值。η 的最优值与具体问题相关，没有对任何问题都适合的 η 值。为了避免网络在训练过程中陷入局部极小，设定训练次数的上限为 10000 次，并确定训练目标误差为 0.000001 来进行网络训练。通过取不同的 η 参数值不断地训练网络，当权值达到较稳定状态后，发现学习速率初始值 $\eta=0.03$ 时网络学习效果最理想。

4. 焊接参数与电弧能量特征非线性映射模型

根据以上内容，设计双丝埋弧焊焊接参数与电弧能量稳定性特征 BP 神经网络非线性映射模型结构如图 6-3 所示。其中 e_1、e_2 分别为前后丝电流信号对应的 LMD 能谱熵值。

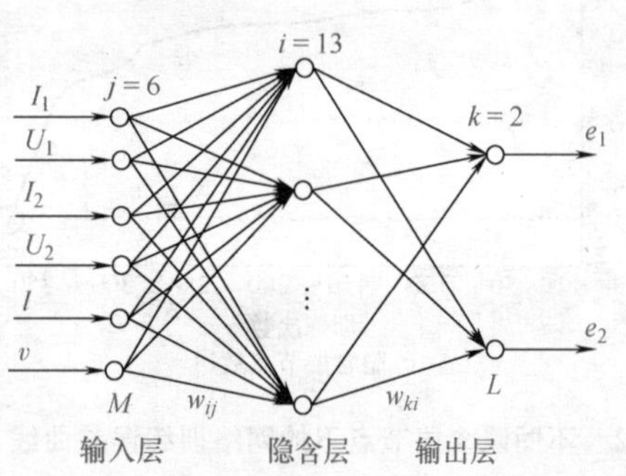

图 6-3 焊接参数与电弧能量特征非线性映射模型结构

6.2.3 非线性映射模型的测试与验证

为了在合理控制试验次数的同时，保证试验样本所得信息的完整性，采用正交设计方法来组织焊接试验。将正交试验样本集作为 BP 神经网络的训练样本，用来对网络进行训练。网络输入为前后丝电弧电流、前后丝电弧电压以及前后丝间距和焊接速度六组焊接参数，输出为前后丝各自电流信号对应的 LMD 能谱熵值。

根据正交试验设计原理组织工艺试验来进行网络训练样本的采集。在保证双丝埋弧焊电弧稳定和焊缝成形良好的情况下，保持交流频率和占空比以及焊丝直径不变的情况下，主要考察前后丝电流、电压的大小以及双丝间距和焊接速度六个因子对焊接过程电弧稳定性和焊缝成形质量的影响规律。

根据双丝埋弧焊的常用焊接参数，设置前丝电流取值分别为 550A、600A、650A、700A 和 750A；前丝电压的取值分别为 30V、32V、34V、36V 和 38V；后丝电流的取值分别为 400A、450A、500A、550A 和 600A；后丝电压的取值分别为 34V、36V、38V、40V 和 42V；双丝间距取值分别为 15mm、20mm、25mm、30mm 和 35mm；焊接速度取值分别为 60cm/min、80cm/min、100cm/min、120cm/min 和 140cm/min；固定后丝方波交流的频率为 80Hz，占空比为 0.5，焊丝直径为 4mm，伸出长度为 25mm，板厚为 20mm 以及其他条件保持不变的情况下，按照 6 因素 5 水平正交表组织双丝埋弧焊工艺试验，所得试验数据见表 6-1。有研究表明，采用完备的正交试验样本集来对 BP 神经网络进行训练，则通过该网络可以把与训练本具有相同影响因子的所有样本对应的取值高精度地预测出来，训练流程如图 6-4 所示。

表 6-1　正交试验表

编号	I_1/A	U_1/V	I_2/A	U_2/V	l/mm	v/(cm/min)	LMD 能谱熵		焊缝成形情况
							I_1	I_2	
1	550	30	400	34	15	60	1.2352	1.1726	正常
2	550	32	450	36	20	80	1.1884	1.1132	正常
3	550	34	500	38	25	100	1.1650	1.2185	正常
4	550	36	550	40	30	120	1.3943	1.4294	咬边
5	550	38	600	42	35	140	1.3418	1.2657	正常
6	600	30	450	38	30	140	1.3780	1.4060	咬边
7	600	32	500	40	35	60	1.2774	1.1068	正常
8	600	34	550	42	15	80	1.3013	1.2178	正常
9	600	36	600	34	20	100	1.4591	1.5190	咬边
10	600	38	400	36	25	120	1.4964	1.5017	驼峰
11	650	30	500	42	20	120	1.1579	1.1930	正常

（续）

编号	I_1/A	U_1/V	I_2/A	U_2/V	l/mm	v/（cm/min）	LMD 能谱熵		焊缝成形情况
							I_1	I_2	
12	650	32	550	34	25	140	1.4361	1.3959	驼峰
13	650	34	600	36	30	60	1.4067	1.3745	咬边
14	650	36	400	38	35	80	1.2159	1.2532	正常
15	650	38	450	40	15	100	1.2483	1.1472	正常
16	700	30	550	36	35	100	1.2585	1.2008	正常
17	700	32	600	38	15	120	1.2274	1.2380	正常
18	700	34	400	40	20	140	1.2430	1.2528	正常
19	700	36	450	42	25	60	1.3173	1.2694	正常
20	700	38	500	34	30	80	1.4144	1.3500	咬边
21	750	30	600	40	25	80	1.2899	1.3025	正常
22	750	32	400	42	30	100	1.3983	1.4576	驼峰
23	750	34	450	34	35	120	1.4925	1.4540	驼峰
24	750	36	500	36	15	140	1.2687	1.3069	正常
25	750	38	550	38	20	60	1.3517	1.4204	咬边

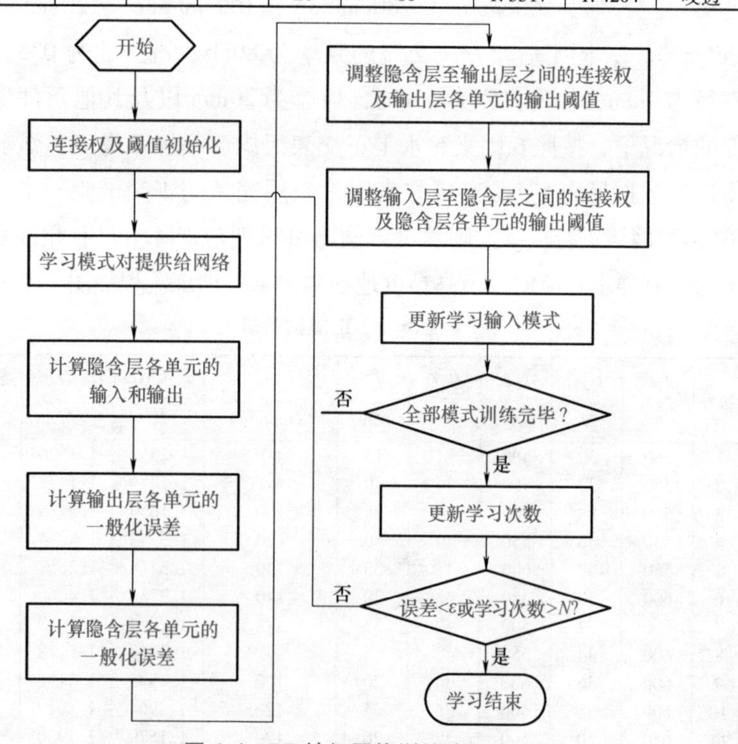

图 6-4 BP 神经网络训练流程

以正交试验表中所示 I_1、U_1、I_2、U_2、l、v 六组焊接参数作为 BP 神经网络的输入，I_1 和 I_2 的 LMD 能谱熵值作为目标向量，对所设计的 BP 神经网络进行训练。确定网络学习速率设为 0.03，目标函数均方误差为 0.000001，隐含层节点数为 13。隐含层传递函数选 logsig 对数 S 形函数，输出层采用 purelin 线性传递函数。网络训练误差收敛曲线如图 6-5 所示，经 276 步训练后达到所设定的目标误差。

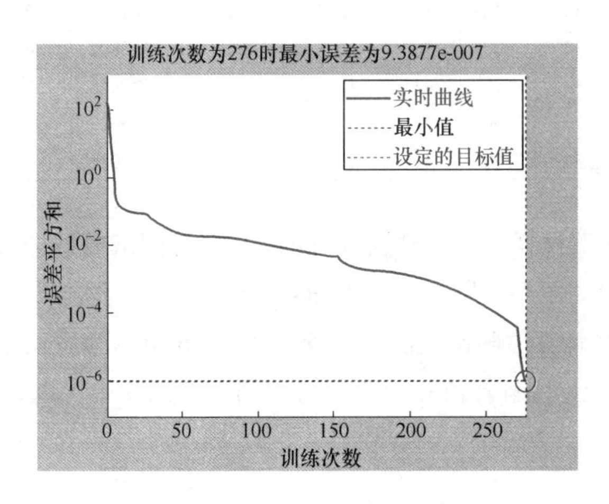

图 6-5　网络训练误差收敛曲线

为了对所设计 BP 神经网络预测性能进行测试，设计了与正交样本集有相同影响因子和水平，但搭配不同的十组焊接参数进行焊接试验，同样采集两根电弧的电流信号进行 LMD 能谱熵的计算，结果见表 6-2。从表中 LMD 能谱熵计算结果可知，编号为 2、5、7、9 的四组参数对应的前后丝电弧电流信号的 LMD 能谱熵值明显要比其他六组要大，因此这四组参数对应的电弧稳定性较差。同时从焊缝成形情况也可以看出，第 2、5、7、9 组参数对应的焊缝成形较其他六组要差。

表 6-2 网络测试样本

编号	I_1/A	U_1/V	I_2/A	U_2/V	l/mm	v/(cm/min)	LMD 能谱熵		焊缝成形情况
							I_1	I_2	
1	550	32	450	34	20	60	1.2343	1.2575	正常
2	550	36	600	38	15	140	1.4301	1.5324	咬边
3	600	34	500	38	25	100	1.2645	1.1783	正常
4	600	38	450	42	30	120	1.3116	1.2240	正常
5	650	30	400	40	35	80	1.4238	1.3879	驼峰
6	650	30	550	36	30	100	1.1808	1.2136	正常
7	700	32	600	36	35	60	1.3802	1.4199	咬边
8	700	34	550	42	15	80	1.2446	1.2383	正常
9	750	36	400	34	20	120	1.5429	1.4796	驼峰
10	750	38	500	40	25	140	1.3088	1.2158	正常

将以上测试样本输入已训练好的 BP 神经网络模型进行测试，所得预测结果如图 6-6 所示。其中图 6-6a 所示为前丝电流 I_1 所对应的 LMD 能谱熵计算值和预测值对比图，图 6-6b 所示为后丝电流 I_2 所对应的 LMD 能谱熵计算值和预测值对比图。从两图中可以很清楚地看

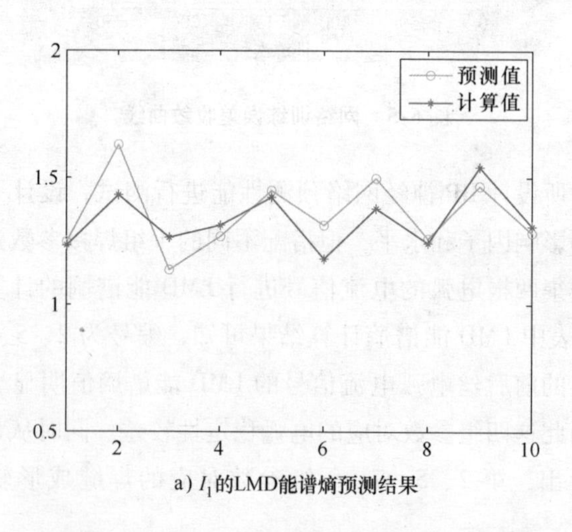

a) I_1 的LMD能谱熵预测结果

图 6-6 双丝电流信号 LMD 能谱熵预测结果

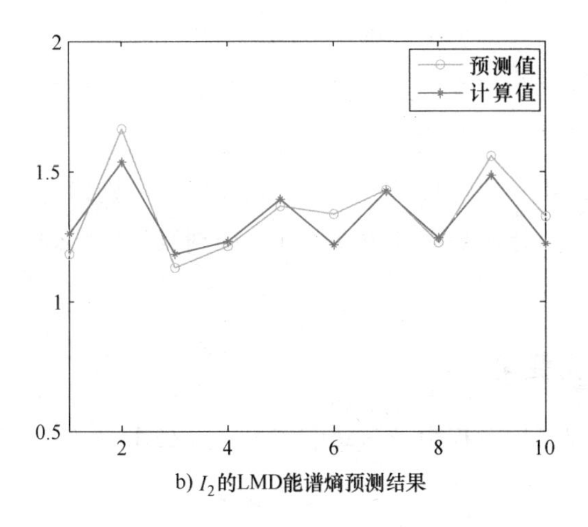

b) I_2的LMD能谱熵预测结果

图6-6 双丝电流信号LMD能谱熵预测结果（续）

出，对应于LMD能谱熵的计算结果，第2、5、7、9组参数下的电弧电流信号能谱熵预测值同样较其他几组要大。两组电流信号LMD能谱熵预测相对误差分别为5.83%和4.79%，表明所设计的双丝埋弧焊焊接参数与电弧能量特征BP神经网络模型能够满足精度要求，可以实现对双丝电弧稳定性的有效预测。双丝电流信号LMD能谱熵计算与预测结果见表6-3。

表6-3 双丝电流信号LMD能谱熵计算与预测结果

试验号	1	2	3	4	5	6	7	8	9	10
I_1 计算值	1.2343	1.4301	1.2645	1.3116	1.4238	1.1808	1.3802	1.2446	1.5429	1.3088
I_1 预测值	1.2470	1.6283	1.1378	1.2706	1.4516	1.3157	1.4999	1.2614	1.4684	1.2820
I_2 计算值	1.2575	1.5324	1.1783	1.2240	1.3879	1.2136	1.4199	1.2383	1.4796	1.2158
I_2 预测值	1.1776	1.6596	1.1256	1.2091	1.3612	1.3325	1.4245	1.2200	1.5560	1.3241

6.3 双丝埋弧焊焊接参数优化模型[15]

在建立双丝埋弧焊焊接参数和电弧能量稳定性特征非线性映射模

型的基础上，对双丝埋弧焊进行焊接参数优化建模，结合智能优化算法，寻找快速收敛于全局最优解的优化策略，是实现焊接参数优化的关键。本小节针对逆变式双丝埋弧焊两电弧电流、电压、双丝间距以及焊接速度六组主要焊接参数进行优化建模，分别确定优化模型对应的优化变量、目标函数以及边界条件，得到双丝埋弧焊焊接参数优化数学模型。

6.3.1 优化变量

在双丝埋弧焊过程中，前丝电流 I_1、前丝电压 U_1、后丝电流 I_2、后丝电压 U_2、双丝间距 l 以及焊接速度 v 对电弧稳定性和焊缝成形质量产生直接影响，而且各个参数之间必须搭配合理才能使焊接过程达到更稳定的状态、获得更好的焊缝成形质量。因此，选择前丝电流 I_1、前丝电压 U_1、后丝电流 I_2、后丝电压 U_2、双丝间距 l 以及焊接速度 v 作为优化变量，表示为

$$X=\begin{pmatrix} x_1\\ x_2\\ x_3\\ x_4\\ x_5\\ x_6 \end{pmatrix}=\begin{pmatrix} I_1\\ U_1\\ I_2\\ U_2\\ l\\ v \end{pmatrix} \tag{6-19}$$

由于焊接参数可调节范围由焊接设备物理性能决定，故 I_1、U_1、I_2、U_2、l 以及 v 的取值范围均要受到设备本身输出特性的限制。根据上节试验部分正交试验设计的焊接参数选取范围，确定各优化变量的约束条件如下

$$\begin{cases} 550\leqslant I_1\leqslant 750;400\leqslant I_2\leqslant 600\\ 30\leqslant U_1\leqslant 38;34\leqslant U_2\leqslant 42\\ 15\leqslant l\leqslant 35;60\leqslant v\leqslant 140 \end{cases} \tag{6-20}$$

6.3.2　目标函数

由建立的双丝埋弧焊焊接参数和电弧能量稳定性特征非线性映射模型可知，只要已知焊接过程中的前丝电流 I_1、前丝电压 U_1、后丝电流 I_2、后丝电压 U_2、双丝间距 l 以及焊接速度 v，即可由 BP 神经网络模型计算出双丝电弧电流信号对应的 LMD 能谱熵，从而可以根据熵值的大小来判别焊接电弧的稳定性。根据第 5 章所述基于电弧电流信号 LMD 能谱熵的焊接电弧的稳定性评估方法可知，电弧电流信号对应的 LMD 能谱熵值越小则电弧越稳定。因此，焊接参数优化模型将以 BP 神经网络模型所计算得到的电弧电流信号 LMD 能谱熵值最小为优化目标，得到目标函数见式（6-21）

$$\mathrm{Min}f[X]=f_o[w_2 f_l(w_1 X+b_1)+b_2] \tag{6-21}$$

式中　X——优化变量；

w_1——输入层到隐含层的连接权值矩阵；

b_1——隐含层神经元的阈值向量；

w_2——隐含层到输出层的连接权值矩阵；

b_2——输出层神经元的阈值向量；

f_l——隐含层的传递函数，为 S 型函数；

f_o——输出层的传递函数，为线性变换函数。

为了简化优化模型，在适应度函数的程序编写中将神经网络映射模型的两个输出量进行加权平均处理，即以双丝电流信号 LMD 能谱熵加权平均最小为优化目标。

6.3.3　焊接参数优化模型

综上所述，即可得到逆变式双丝埋弧焊焊接参数优化模型

$$\begin{cases}\mathrm{Min}f[X]=f_o[w_2 f_l(w_1 X+b_1)+b_2]\\ 550\leqslant I_1\leqslant 750;\quad 400\leqslant I_2\leqslant 600\\ 30\leqslant U_1\leqslant 38;\quad 34\leqslant U_2\leqslant 42\\ 15\leqslant l\leqslant 35;\quad 60\leqslant v\leqslant 140\end{cases} \tag{6-22}$$

该模型以逆变式双丝埋弧焊六组主要焊接参数为优化变量，以焊接参数和电弧能量稳定性特征非线性映射模型作为目标函数，以电弧能量稳定性特征即双丝电流信号的 LMD 能谱熵最小为优化目标，对特定边界条件范围内的双丝埋弧焊焊接参数进行优化求解，实现两电弧电流、电压、双丝间距以及焊接速度等多参数的优化匹配，以获得各焊接电弧所需的最佳能量和整体搭配比例，达到高速优质的焊接效果。

6.4 双丝埋弧焊焊接参数混合智能优化求解

6.4.1 粒子群优化算法

粒子群优化算法（PSO）是一种新型仿生随机搜索优化算法，它起源于对鸟类社会群体运动行为的研究，最早于 1995 年由 Eberhart 和 Kennedy 提出[11]。PSO 以揭示群体运动规律为切入点，通过粒子在目标空间对最优位置进行追踪来进行优搜索，避免了类似遗传算法的交叉、变异等操作，具有调节参数少并且易于实现的优点。

粒子群算法是在生物群体内信息共享的基础上，通过个体间的相互帮助来寻求最优解。鸟群在觅食的运动过程中，具有既分散又集中的特点。但群体中总是存在对食物所在位置比较敏感的个体，由于拥有比其他个体更准确的信息，在群体觅食运动中它会作为食源所在地的导向。而在鸟类群体运动中，个体之间随时都存在信息的交流，当然也包括有关食物所在位置的信息。所以，在这种相互交流中，鸟群会接连地跟随同伴飞向食源所在的地方，最终形成在食源附近的群集。粒子群算法就是从类似生物群体觅食的行为特征中得到启发并将其应用于优化问题的求解。综合利用“社会信息”和“自身信息”来不断更新粒子的速度和位置，从而最终达到最优值[12]。

在粒子群算法中，一系列简单的实体（即粒子）被放置于某个问题或者目标函数的搜索空间，其中每个粒子所在的位置代表着目标函数在该点的取值。每个粒子根据其自身目前所找到的最好位置以及群体中其他一个或多个粒子所找到的最好位置来确定其在搜索空间的运动方向。当所有的粒子都执行完成在搜索空间的移动后再接着进行下一次的迭代搜索，直到粒子群整体移动到搜索空间的一个最佳点附近为止。

假设粒子群的搜索空间为 D 维，则粒子群中的每个个体均由一个三维向量组成：分别为粒子的当前位置$\vec{x}_i$，该粒子所找到的历史最好位置$\vec{p}_i$以及粒子的运动速度$\vec{v}_i$。其中当前位置$\vec{x}_i$可以看成是描述搜索空间中某个点的一组坐标。在算法的每一次迭代中，每一个粒子的当前位置即为优化问题的一个解，如果该位置比目前为止所有找到的位置都更好，则其坐标将会被存入第二个向量$\vec{p}_i$中。粒子到目前为止所找到的目标函数最优解叫作 $pbest_i$，提供给后续的迭代中作对比用。目标函数的取值在粒子不断寻找和更新$\vec{p}_i$以及 $pbest_i$ 的过程中得到优化。粒子通过综合当前位置$\vec{x}_i$和当前运动速度$\vec{v}_i$来确定新的位置。在粒子群中，任何一个单独的粒子并不具有寻求问题的解的能力，必须将所有粒子看成一个社会群体，在群体的相互交流中实现粒子位置的更行和问题的求解。每个粒子都会与群体中相邻的某个粒子进行信息交流，而这个过程又会受到某个已经找到群体最优位置的粒子所传递信息的影响。将这个群体最优位置的坐标记作$\vec{p}_g$，该位置对应的目标函数的解叫作 $gbest$。粒子群算法正是通过个体之间的信息交流，使得粒子不断地向最优解所在的位置靠近，最终实现优化问题的求解。

基本粒子群算法实现过程如下[13-15]：

1）给 D 维搜索空间的粒子赋予随机的初始位置和速度。

2）对于每个粒子，采用设计好的适应度函数计算其对应的适应度值。

3）将每个粒子的适应度值与其自身历史最优适应值 $pbest_i$ 进行比较，如果当前值比 $pbest_i$ 更优，则将当前值设为历史最优值 $pbest_i$。

4）将所有粒子的历史最优值 $pbest_i$ 进行比较，确定群体最优值 $gbest$。

5）更新每个粒子的速度和位置：

$$\begin{cases} \vec{v}_i = \vec{v}_i + c_1 r_1 (\vec{p}_i - \vec{x}_i) + c_2 r_2 (\vec{p}_g - \vec{x}_i) \\ \vec{x}_i = \vec{x}_i + \vec{v}_i \end{cases} \tag{6-23}$$

式中 $\vec{x}_i$——粒子当前位置；

$\vec{v}_i$——粒子的运动速度；

$\vec{p}_i$——粒子自身历史最优位置；

$\vec{p}_g$——群体历史最优位置；

c_1、c_2——学习因子，用来调整个体历史最优值和群体最优值对寻优过程的影响力度；

r_1、r_2——[0，1] 内的随机数。

6）当迭代次数达到设定的最大值或者最优适应值达到设定的条件时，迭代过程停止。

从算法实现过程可以看出，基本 PSO 算法设计中通过给不同影响因子添加权值以实现粒子间相互协作，而且算法中各参数均可由实际情况来单独设定，充分体现了算法的灵活性和适应性。

6.4.2 粒子群算法的参数设置

参数的设置是否合理关系到基本粒子群算法的应用效果，在实际应用中，必须根据实际需求，具体问题具体分析，通过不断的修改来获得满意的参数搭配。国内外学者在对粒子群算法的研究中发现和积累了一些参数设置的规律，他们发现在某些特定的参数搭配范围内粒子群优化算法的应用效果更好。

根据众多学者的研究总结，粒子群优化算法中常用的参数设置规律如下：

1）种群粒子数 N：种群越大，完成一次迭代所需要的时间越长，对应的迭代次数会减少。如果种群太小，算法很容易陷入局部极值，无论迭代多少次也无法跳出；种群太大会导致每次迭代的进化效果有限，且费时，在获得同样最优解的情况下需要更长的等待时间，并不划算。种群大小一般取为 20～50。但对于较难求解的问题或者特定类别的寻优过程，种群规模可达到 100 或 200。

2）粒子的飞行速度 v_{max} 和 v_{min}：v_{max} 决定粒子在一次循环中的最大移动距离，通常根据实际问题人为设定。如果 v_{max} 取值太大，则粒子容易越过最优区域，或是在最优解附近徘徊，导致出现振荡；若取值太小，则粒子可能在个体历史最优位置和全局最优位置的牵引作用下，快速飞向局部极值，不能充分地探测局部极值以外的区域，削弱了粒子的扩展探测能力。假设第 D 维搜索空间定义为区间 $[-x_{max}, +x_{max}]$，则一般取 $v_{max}=kx_{max}$，$0.1 \leqslant k \leqslant 0.2$，搜索空间的每一维都采用类似的方法来设定。$v_{min}$ 决定一个粒子的最小移动距离，通常取 0，因为随着迭代过程的进行，粒子的移动距离越来越小，且在即将到达最优位置时接近为 0。

3）学习因子 c_1、c_2：学习因子 c_1、c_2 分别与 r_1、r_2 的乘积决定粒子受自身最优位置和历史最优位置牵引的大小，由于 r_1、r_2 取 [0, 1] 之间的数，c_1、c_2 此时起到基数的作用。c_1、c_2 越大，牵引的效果越明显。如果牵引力过大，则粒子的探测能力变弱，容易陷入局部极值；如果牵引力过小，算法的收敛速度太慢，花费时间较长。自身因素参数 c_1 和社会因素参数 c_2 一般要由经验值来定。在常规优化问题中学习因子常设为定值 2，也可以采用动态的非线性变化策略，但一般 c_1 取值应与 c_2 相同，且介于 0 和 4 之间。

4）迭代终止判断条件：一般将迭代终止条件设为最大迭代次数

或期望的目标精度，当然也需根据具体的优化问题来确定。如果是对解的精度有要求，则将代与代之间解的差值精度达到某个特定值为终止条件，如 10^{-6}；如果对时间有所要求，可以设置为最大迭代次数，这样无论求解情况如何，解的精度是否达到要求，只要迭代达到了设定的最大次数则停止寻优过程。

粒子群优化算法的参数对优化结果的影响是相辅相成、共同的。如果调节其中一个参数，则其他参数也应做相应的改变。因此，没有单独的某参数合适某个优化问题，只能说某组参数的搭配对特定问题的处理效果相对较好。而且很多参数的大与小是相对而言的，必须在了解所有参数意义的情况下，结合其他参数的选取来确定其合适的取值。

6.4.3 焊接参数优化求解的 PSO 算法实现

将电弧稳定性评估特征量、双丝埋弧焊焊接参数和电弧能量稳定性特征非线性映射模型以及粒子群优化算法相结合，可以实现一种基于粒子群的双丝埋弧焊焊接参数优化选择方法。具体实现思路为：以双丝埋弧焊六组主要焊接参数为优化变量，以所建立的双丝埋弧焊焊接参数和电弧能量稳定性特征 BP 神经网络非线性映射模型为目标函数，以电弧电流信号 LMD 能谱熵值最小为优化目标，利用 MATLAB 编写相应的程序来实现最优焊接参数的求解。基于 PSO 的工艺参数优化流程如图 6-7 所示。

根据所建立的双丝埋弧焊焊接参数优化模型，以双丝埋弧焊焊接参数和电弧能量特征 BP 神经网络非线性映射模型为目标函数，以前后丝电流信号 LMD 能谱熵特征最小为优化目标来对双丝埋弧焊焊接参数进行优化。

粒子群优化算法中各参数设置如下：种群大小为 30，一个粒子的维数为 6，粒子各维的位置范围分别为优化模型所约束的边界条件所示范围，粒子各维的飞行速度范围按 5.2.2 小节所描述的方式确定，

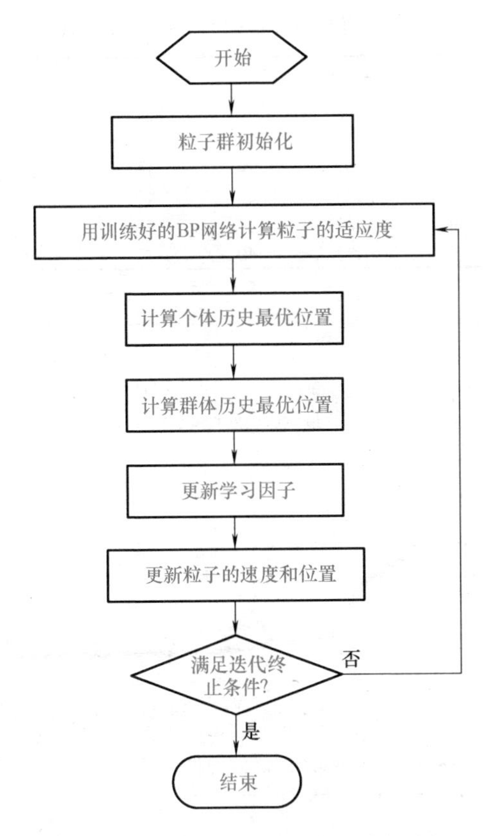

图 6-7　基于 PSO 的焊接参数优化流程

设定最大迭代次数为 200。由于是单目标优化，每次优化过程只产生一个最优结果，即可得到一组最优焊接参数。为了使得优化参数搭配的分布范围尽量合理，进行多次优化训练，从所有结果中选出 6 组能谱熵值最优的不同参数搭配（见表 6-4）。从表 6-4 中各组参数的搭配情况来看，均满足双丝埋弧焊常规焊接参数搭配。图 6-8 所示为第 1 组 ~ 第 6 组优化参数粒子群寻优过程的最优适应度收敛曲线图，从图中可以看出，随着迭代过程的进行，最优适应度均能快速平稳地收敛到最小值附近。

表 6-4 经 PSO 优化的焊接参数搭配

编号	I_1/A	U_1/V	I_2/A	U_2/V	l/mm	v/(cm/min)	LMD 能谱熵
1	733	36	562	42	22	107	0.9365
2	695	33	435	38	27	96	0.9586
3	724	34	460	39	16	102	0.9200
4	676	35	423	40	19	93	0.9566
5	552	30	409	36	30	85	0.9938
6	591	32	423	40	17	89	0.9367

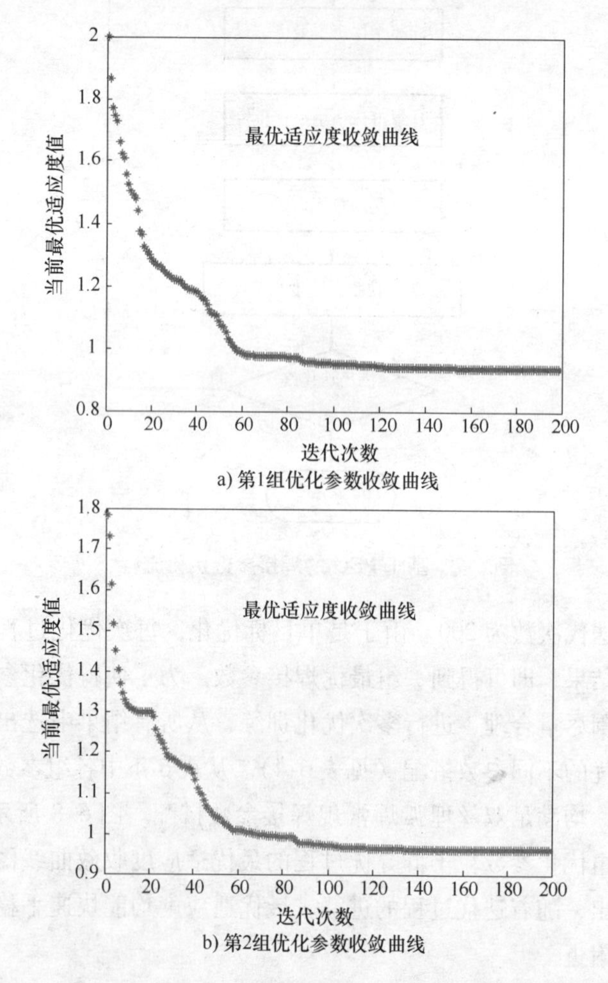

a) 第1组优化参数收敛曲线

b) 第2组优化参数收敛曲线

图 6-8 各组优化参数对应的最优适应度收敛曲线

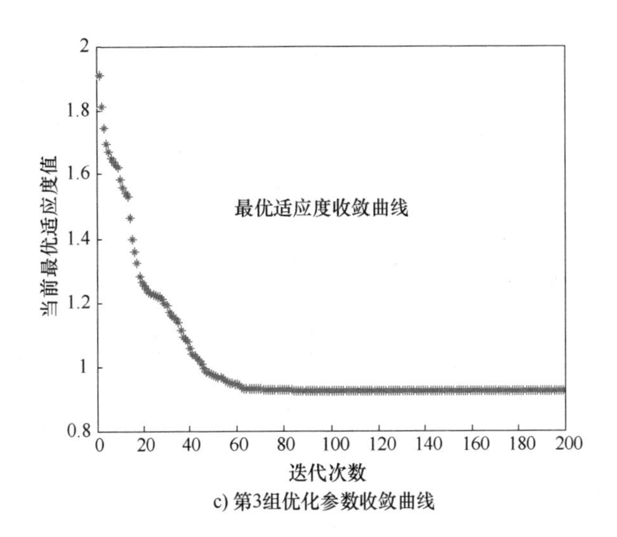

c) 第3组优化参数收敛曲线

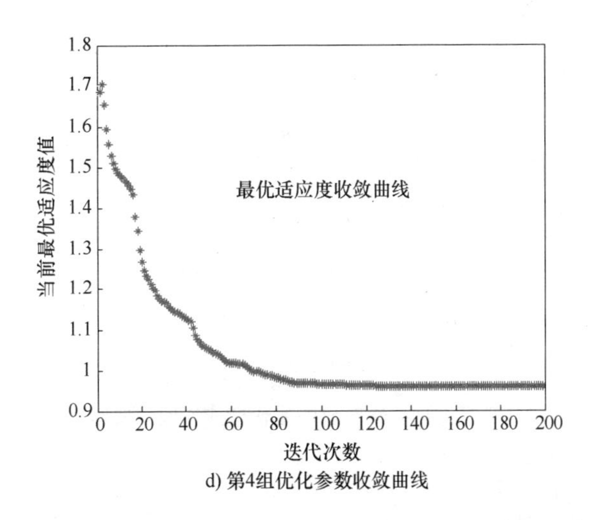

d) 第4组优化参数收敛曲线

图 6-8　各组优化参数对应的最优适应度收敛曲线（续）

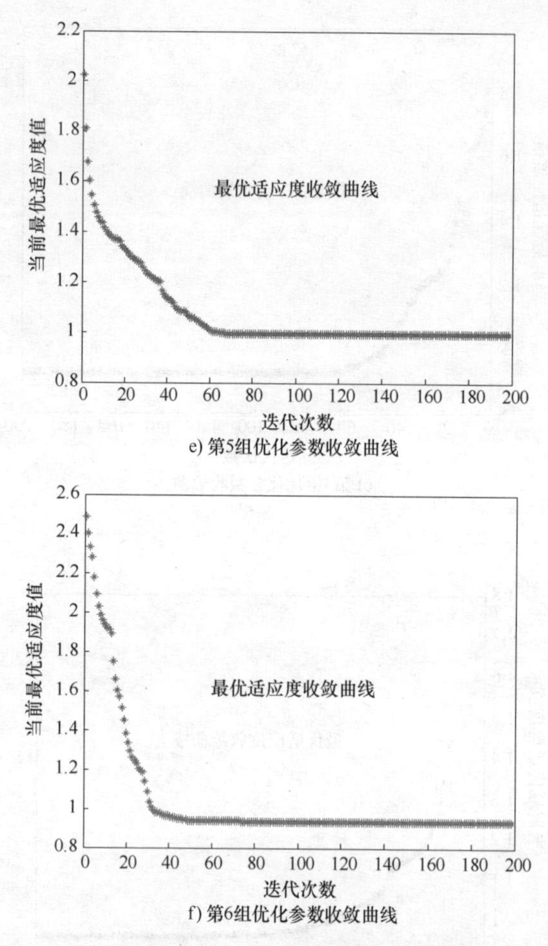

e) 第5组优化参数收敛曲线

f) 第6组优化参数收敛曲线

图 6-8 各组优化参数对应的最优适应度收敛曲线（续）

6.5 应用实例

对焊接参数的优化效果进行检验，分别利用常规焊接参数和优化焊接参数组织双丝埋弧焊工艺试验并对其进行对比分析。焊接试验条件：MZ1250 + MZE1000 逆变式交直流埋弧焊电源组合，低碳钢板，板厚 15mm，前后焊丝 ϕ4.8mm，焊丝牌号 H08A，焊剂 HJ431，堆焊方法。选定后丝方波交流的频率为 80Hz，占空比为 0.5，其他参数分别选取表 6-5 中常规焊接参数和优化焊接参数进行对比试验。

表 6-5　对比试验焊接参数

参数类型	编号	I_1/A	U_1/V	I_2/A	U_2/V	l/mm	v/(cm/min)
常规焊接参数	1	700	32	600	42	30	70
	2	750	34	400	38	20	80
	3	650	30	450	34	20	90
优化焊接参数	1	695	33	435	38	27	96
	2	724	34	460	39	16	102
	3	733	36	562	42	22	107

对于每组常规焊接参数，在保持电流、电压、焊丝间距等参数不变的情况下，将焊接速度在原来的基础上各增加 20cm/min，分别提高到 90cm/min、100cm/min 以及 110cm/min 进行对比试验。采用常规焊接参数、仅提高焊接速度的常规焊接参数以及优化焊接参数进行的焊接试验所得到的焊缝成形外观及其焊缝界面形貌分别如图 6-9、图 6-10 和图 6-11 所示。

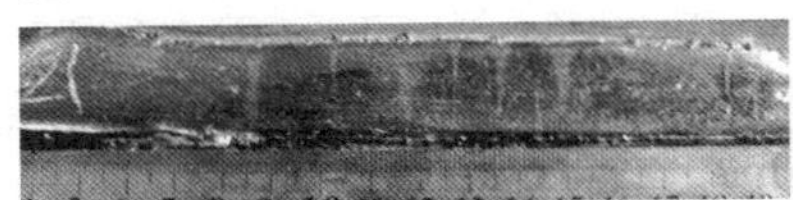
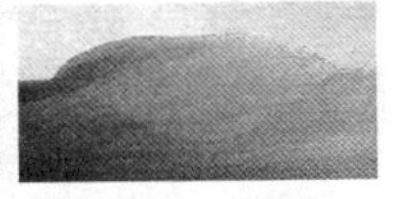

a) I_1=700A, U_1=32V, I_2=600A, U_2=42V, l=30mm, v=70cm/min

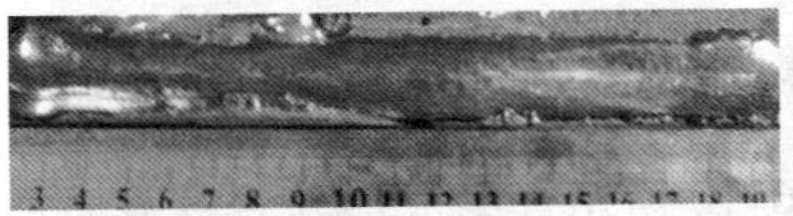
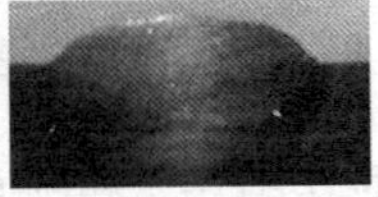

b) I_1=750A, U_1=34V, I_2=400A, U_2=38V, l=20mm, v=80cm/min

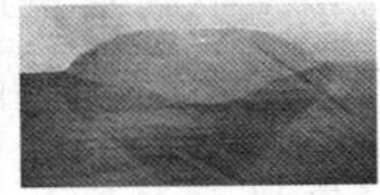

c) I_1=650A, U_1=30V, I_2=450A, U_2=34V, l=20mm, v=90cm/min

图 6-9　常规参数对应的焊缝成形外观及截面形貌

a) I_1=700A, U_1=32V, I_2=600A, U_2=42V, l =30mm, v =90cm/min

b) I_1=750A, U_1=34V, I_2=400A, U_2=38V, l =20mm, v =100cm/min

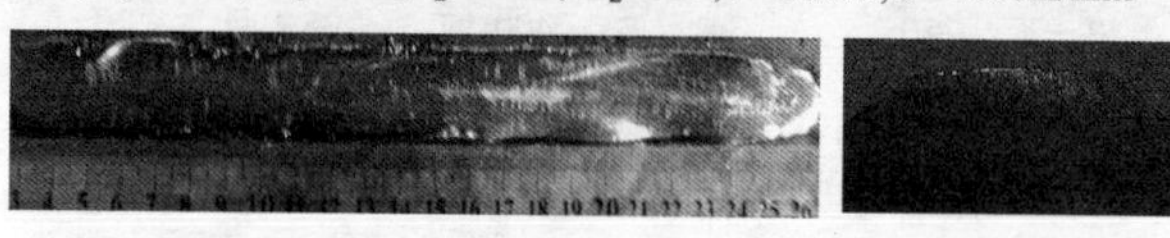

c) I_1=650A, U_1=30V, I_2=450A, U_2=34V, l=20mm, v =110cm/min

图 6-10　高速焊下常规参数对应的焊缝成形外观及截面形貌

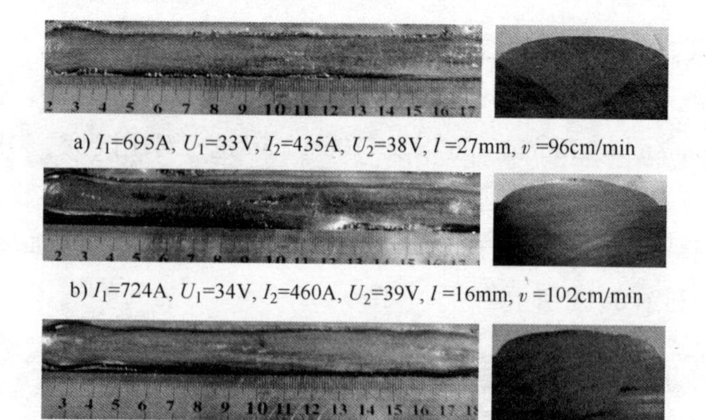

a) I_1=695A, U_1=33V, I_2=435A, U_2=38V, l =27mm, v =96cm/min

b) I_1=724A, U_1=34V, I_2=460A, U_2=39V, l =16mm, v =102cm/min

c) I_1=733A, U_1=36V, I_2=562A, U_2=42V, l =22mm, v =107cm/min

图 6-11　优化参数对应的焊缝成形外观及截面形貌

通过对比图 6-9 和图 6-10 所示焊缝成形外观及截面形貌可以看出，常规焊接参数在焊接速度提高的情况下，由于参数搭配不合理，会导致焊缝出现不同程度的咬边和驼峰等缺陷，严重影响了焊缝成形质量。通过焊接参数优化方法对逆变式双丝埋弧焊焊接参数进行优化，采用优化所得焊接参数进行试焊所得焊缝成形外观及截面形貌如

图6-11所示，结合表6-5中常规焊接参数和优化焊接参数的对比，结果表明在高速焊接条件下，经过优化的焊接参数对应的焊缝成形相对于常规焊接参数对应的焊缝成形要更规则，没有出现如常规焊接参数试验中因焊接速度提高而导致的咬边和驼峰等缺陷，整条焊缝均匀饱满且表面更光滑。另外从焊缝截面形貌可以看出优化焊接参数对应的熔池形貌也更加规则。

在焊接质量评估中，通常用焊缝的熔深 H、熔宽 B、余高 a 以及其之间的关系所定义的焊缝成形系数 $f(=B/H)$、余高系数 $\psi(=B/a)$ 来表征焊缝的成形特点。焊缝截面尺寸如图6-12所示。合理的焊缝截面形貌应保证 H、B、a 具有适当的比例。焊缝成形系数 f 主要影响焊缝的内部质量，f 选择不当可能会导致焊缝内部产生气孔、夹渣和裂纹等缺陷，在焊接生产中通常将其控制在1.3~2之间较为合适，但由于堆焊焊缝有宽而浅的特点，因此堆焊 f 最大可达到10左右。焊缝余高如果过大可能会引起应力集中，在对接焊中一般要求焊缝余高 a 为0~3mm或者保持余高系数 ψ 在4~8之间。通过对常规参数和优化参数下的焊缝尺寸进行对比研究，采用精度为0.02的游标卡尺测量得到各组参数对应的焊缝尺寸数据见表6-6。

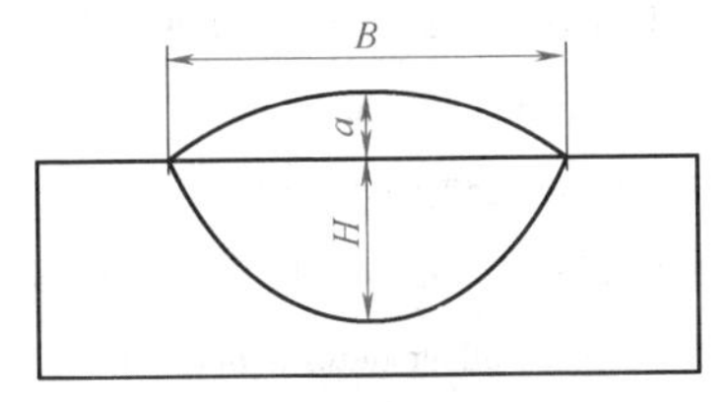

图6-12　焊缝截面尺寸

表6-6　对比试验焊缝尺寸

参数类型	编号	H	B	a	f	Ψ
常规焊接参数	1	5.20	16.58	2.96	3.19	5.60
	2	4.92	15.06	2.82	3.06	5.34
	3	4.06	13.24	2.70	3.26	4.90
优化焊接参数	1	6.24	21.26	3.12	3.41	6.81
	2	5.68	19.96	2.98	3.51	6.69
	3	5.96	19.58	3.02	3.28	6.48

从常规焊接参数与优化焊接参数的搭配以及对应焊缝成形尺寸对比结果可以看出，在相近的热输入下，优化的焊接参数具有更快的焊接速度，并且其对应的焊缝相对于常规参数下的焊缝具有更大的熔深，焊缝成形系数和余高系数也比常规焊接参数对应的大，说明经过优化的焊接参数有着更高的熔敷率，有利于焊接生产效率的提高。

参考文献

[1] Tsai H L, Tarng Y S, Tseng C M. Optimization of submerged arc welding process parameters in hard facing [J]. International Journals of Advanced Manufacture Technology, 1996, 12: 402-406.

[2] Li Ping, Fang M T C, Lucas J. Modelling of submerged arc weld beads using self-adaptive offset neutral networks [J]. Journal of Materials Processing Technology, 1997, 71: 288-298.

[3] Huang S H, Zhang H C. Neural-expert hybrid approach for intelligent manufacturing: a survey [J]. Computers in Industry, 1995, 26: 107-126.

[4] Hands T J, Stroud R R. The control of submerged arc welding using neural network interpretation of ultrasound [C]. Proc. 2nd Int. Conf. Artificial Neural Networks, ICANN-92, Brighton, England, 1992.

[5] 朱大奇，史慧. 人工神经网络原理及应用 [M]. 北京：科学出版社，2006.

[6] 范红军，姚海燕，杨秀芹，等. BP神经网络在某测试系统故障诊断中的应用 [J]. 计量与测试技术，2011，38 (2)：37-39.

[7] 贾剑平，徐坤刚，李志刚. 改进型BP网络在优化焊接工艺参数中的应用 [J]. 热加工工艺，2008，37 (21)：98-100.

[8] 张旭明，吴毅雄，徐滨士，等. BP神经网络及其在焊接中的应用 [J]. 焊接，2003，2：43-45.

[9] 斐浩东，苏宏业，褚健. BP算法的改进及其在焊接过程中的应用 [J]. 浙江大学学报，2002，1：52-54.

[10] 倪楠. 基于神经网络的焊接机器人 CO_2 保护焊工艺参数优化 [D]. 合肥：合肥工业大学，2005.

[11] Kennedy J, Eberhart R. C. Particle swarm optimization [C]. In Proceedings of the IEEE international conference on neural networks IV, Piscataway: IEEE, 1995, 1942-1948.

[12] 黄友悦. 智能优化算法及其应用 [M]. 北京: 国防工业出版社, 2008: 93-97.

[13] Shi Y, Eberhart R C. Fuzzy adaptive particle swarm optimization [J]. In: Proc. Congress on Evolutionary Compution , Seoul, Korea, 2001: 1103-1108.

[14] 刘蓉. 自适应粒子群算法研究及其在多目标优化中应用 [D]. 广州: 华南理工大学, 2011.

[15] 何宽芳, 肖冬明. A novel hybrid intelligent optimization model for twin wire tandem co-pool high-speed submerged arc welding of steel plate [J]. Journal of Advanced Mechanical Design, Systems, and Manufacturing, 2015, 19 (2): 1-15.

第 7 章

埋弧焊电弧稳定性模糊控制

高速埋弧焊过程中，在对粗丝（直径≥3.0mm）通以数百上千安培的电流时，其电弧呈现出更为复杂的特性，加上外界干扰等因素，电弧弧长易发生变化，造成电弧不稳定，焊接过程中难以保持优化的工艺设置和获得预期的焊缝成形质量。埋弧焊系统由恒流特性的大功率埋弧焊电源配以变速送丝系统、行走机构构成主体部件，其中电源恒流特性通过电流闭环控制实现，电弧弧长的调节是通过弧压反馈调节送丝速度来完成。设计出控制精度高、动态响应快的弧压控制系统是保证焊接过程电弧稳定和获得良好焊缝成形的关键。

下面主要介绍埋弧焊过程电弧系统涉及的参数及相互关系、恒流特性埋弧焊过程弧长数学模型、理论分析埋弧焊过程中粗丝电弧弧长变化规律及变速送丝的弧长调节系统模糊控制器的设计。

7.1 埋弧焊电弧弧压特性

7.1.1 埋弧焊电弧参数关系

埋弧焊中电弧弧长、电流、电压表现出非常复杂的关系，难于精确地用数学公式表达，只能用近似的表达式，目前有多种经验公式，描述的电弧特性的具体表达式也不同，如著名的 Ayrton 经验公式可以

表示为[1]

$$U_a = a + bL_a + \frac{c + dL_a}{I_a} \tag{7-1}$$

式中　a，b，c，d——常数；

U_a——电弧电压；

L_a——电弧长度；

I_a——电弧电流。

该式适合表示下降段电弧特性，对于 $L_a \leqslant 1\text{cm}$、$I_a \leqslant 20\text{A}$ 的电弧能与试验较好地吻合，a、b、c、d 并无具体的物理意义。实际埋弧焊的电弧电流远远超过 20A，因此 Ayrton 经验公式并不适用于埋弧焊。目前适合描述埋弧焊的电弧电流、弧长、电弧电压之间关系的公式有多种，但它们都有一定的局限性，准确度不高，一般在控制过程中都将电弧看成非线性对象，采用传统的控制方法效果并不理想。

埋弧焊过程是一个非常复杂的非线性过程，其电弧负载为一个非线性负载，由文献［2］可知，电弧电压由三部分组成，电弧负载的等效模型可以用图 7-1 来表示，R_1 表示焊丝伸出长度等效电阻，R_2 表示电弧弧柱等效电阻，稳压二极管 D 上的电压 U_3 表示电弧的阴极和阳极电压之和。一般认为阴极电压和阳极电压几乎不变，因此电弧电压可表示为

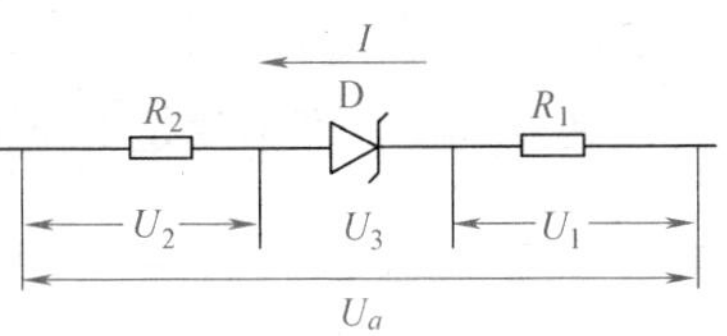

图 7-1　电弧负载的等效模型

$$U_a = U_1 + U_2 + U_3 \tag{7-2}$$

式中　U_a——电弧电压；

U_1——焊丝伸出长度的电压；

U_2——电弧弧柱电压；

U_3——电弧的阴极和阳极电压之和。

式（7-2）又可改写为

$$U_a = IR_1 + E_l l_a + U_3 \qquad (7\text{-}3)$$

式中 I——电弧电流；

E_l——电弧弧柱的电位梯度，稳定焊接过程中大致保持常值；

l_a——电弧弧柱长度（不包含阴极和阳极长度）；

U_3——通常为18~19V。

埋弧焊通常为粗直径焊丝，R_1 的值非常小，但埋弧焊的电弧电流却很大，因此 U_a 在式（7-3）中不能被忽略。将式（7-3）改写为

$$U_a = IR_1 + E_l l_a + 19 \qquad (7\text{-}4)$$

文献［1］对大气中软钢裸焊条的焊接电弧电压与弧长作了定量的描述，得出了经验公式：

$$U_a = 22 + 20L_a \qquad (7\text{-}5)$$

式中 L_a——弧长。

焊接电弧的电位梯度大致为20~32V/cm。在改变焊接条件的情况下，电弧梯度会发生变化，式（7-5）中的电位梯度将不再是20V/cm。从式（7-4）和式（7-5）可以看出，无论电位梯度常数为何值，维持电弧长度不变是维持弧压稳定的关键因素。

7.1.2 埋弧焊电弧弧长模型

通常埋弧焊焊接过程电弧系统如图7-2所示，其中，设焊炬高度为 H_t，焊丝伸出长度为 L_e，电弧长度为 L_a（含阴极和阳极长度），送丝速度为 v_f，熔化速度为 v_m，焊接电流为 I。埋弧焊焊接时，焊丝熔化速度与送丝速度之间的稳定平衡是保证电弧稳定的必要条件，在电弧长度稳定时，送丝速度等于熔化速度，即 $v_f = v_m$，这时弧压稳定，如果由于某种干扰造成二者平衡关系的破坏，就会有 $v_f \neq v_m$，这时弧长必然发

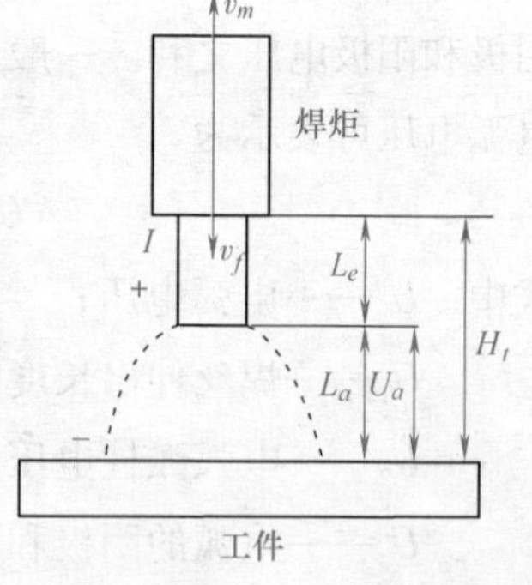

图7-2 埋弧焊电弧系统

生变化，可以很快地恢复平衡或达到新的平衡。

如图 7-2 所示，伸出长度 L_e 是指从焊丝与导电嘴的接触点到焊丝熔化位置的距离，伸出长度的变化与送丝速度 v_f、熔化速度 v_m 以及导电嘴前端到工件的距离 H_t 有关：

$$\frac{dL_e}{dt} = v_f - v_m + \frac{dH_t}{dt} \tag{7-6}$$

式中　$\frac{dL_e}{dt}$——伸出长度的变化率（m/s）；

$\frac{dH_t}{dt}$——导电嘴到工件距离的变化率（m/s）；

v_f——送丝速度（m/s）；

v_m——焊丝熔化速度（m/s）。

在焊接过程中，从图 7-2 中可以看出电弧长度取决于导电嘴前端到工件的距离 H_t 和伸出长度 L_e，它们之间的关系有

$$L_e = H_t - L_a \tag{7-7}$$

式中　H_t——导电嘴到工件距离（m）；

L_a——电弧长度（m）。

结合式（7-6）以及式（7-7）有弧长变化，见式（7-8）

$$\frac{dL_a}{dt} = v_m - v_f \tag{7-8}$$

式中　$\frac{dL_a}{dt}$——弧长的变化率（m/s）。

式（7-8）中焊丝熔化速度 v_m 可以表示为

$$v_m = a_0 + a_1 I + a_2 \frac{L_e I^2}{d^2} \tag{7-9}$$

式中　a_0、a_1、a_2——常数；

v_m——熔化速度（kg/h）；

I——焊接电流（A）；

L_e——伸出长度（mm）；

d——焊丝直径（mm）。

将式（7-7）代入式（7-9）可以得到

$$v_m = a_0 + a_1 I + a_2 \frac{I^2}{d^2}(H_t - L_a) \tag{7-10}$$

将式（7-10）代入式（7-8）可以得到

$$\frac{\mathrm{d}L_a}{\mathrm{d}t} = a_0 + a_1 I + a_2 \frac{I^2}{d^2}(H_t - L_a) - v_f \tag{7-11}$$

7.1.3 埋弧焊过程中弧长的变化

将式（7-11）进行变换可以得到

$$\frac{\mathrm{d}L_a}{\mathrm{d}t} + a_2 \frac{I^2}{d^2} L_a - a_2 \frac{I^2}{d^2} H_t - a_0 - a_1 I + v_f = 0 \tag{7-12}$$

可求得式（7-12）方程的通解为

$$L_a = C\mathrm{e}^{\frac{-a_2 I^2}{d^2}t} + \frac{v_f d^2}{a_2 I^2} - H_t - \frac{(a_0 + a_1 I)d^2}{a_2 I^2} \tag{7-13}$$

令 $\tau = \frac{d^2}{a_2 I^2}$，$\beta = \frac{v_f d^2}{a_2 I^2} - H_t - \frac{(a_0 + a_1 I)d^2}{a_2 I^2}$，则式（7-13）可变为

$$L_a = C\mathrm{e}^{-t/\tau} + \beta \tag{7-14}$$

e 为自然对数底，C 为弧长变化量，τ 为时间常数。其中 τ 表示电弧在其自身调节作用下长度发生变化后重新到达平衡状态的过渡过程快慢，可以用来定量地描述电弧自身调节作用的影响程度。从式（7-13）可以看出电弧长度恢复时间常数与焊接电流平方成反比，与焊丝直径平方成正比。

$$\tau = \frac{d^2}{a_2 I^2} \tag{7-15}$$

式中 a_2——焊丝材料决定的常数；

I——焊接电流（A）；

d——焊丝直径（mm）。

通过对不同焊丝条件下的电弧恢复时间计算来定量地描述电弧自

身调节作用的影响程度，为焊接过程弧长稳定性控制提供参考依据。分别取低碳钢焊丝直径 $\phi=3\text{mm}$、4mm 和 5mm，平均焊接电流 $I=600\sim1200\text{A}$；由文献［3］可知双丝埋弧焊电弧正接法时，$a_0=-0.739$、$a_1=0.02393$、$a_2=3.6093\times10^{-6}$；反接法时，$a_0=-0.876$、$a_1=0.03193$、$a_2=3.0984\times10^{-6}$，分别按式（7-15）计算得到结果如图7-3所示。从图7-3可以看出，在相同条件下，不同电极接法其弧长恢复时间计算结果不一致，电极正接法的弧长恢复时间

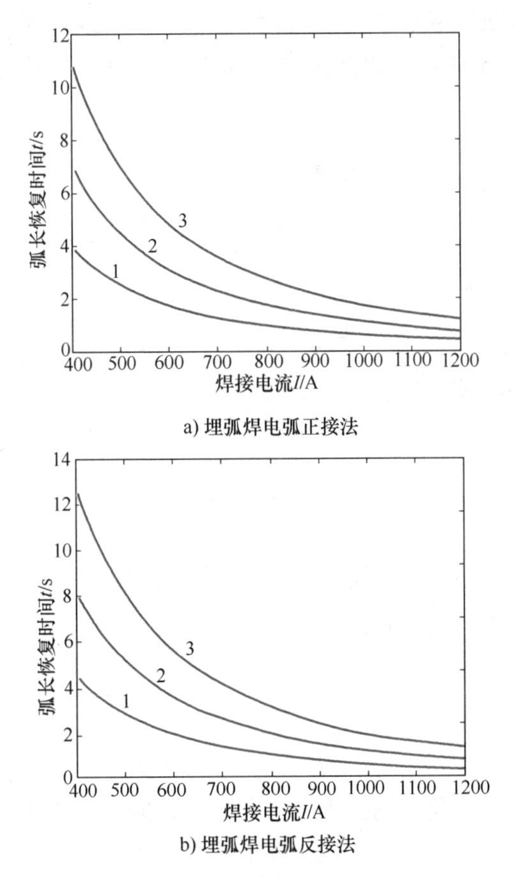

a) 埋弧焊电弧正接法

b) 埋弧焊电弧反接法

图7-3 不同焊丝直径和电流情况下埋弧焊弧长恢复时间

1—焊丝直径为3mm 2—焊丝直径为4mm 3—焊丝直径为5mm

小于电极反接法，但两者都存在同样的变化规律：即在同样电流下，焊丝直径越大，电弧长度恢复时间越长，表明电弧长度受到干扰发生变化时，粗焊丝电弧长度恢复到平衡状态所需的时间较细焊丝为长，埋弧焊中粗丝电弧自调节能力比细丝差；相同焊丝直径下，电流越大，电弧长度恢复时间越小，增大电流可以提升电弧的自调节能力。在粗丝大电流埋弧焊焊接时，动态响应速度降低，难以依靠自调节的方式来恢复弧长，使得焊接过程电弧输入能量不稳定造成焊缝成形变差，严重时会引起短路黏丝或断弧，使得焊接无法进行，图 7-4 所示为粗丝埋弧焊过程短路黏丝导致焊接中断的电流、电压波形。

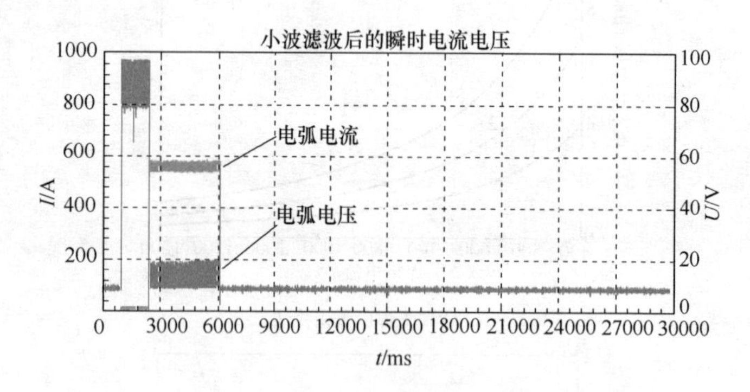

图 7-4 黏丝现象电流、电压波形

为了避免上述现象的发生，保证在高速埋弧焊焊接过程弧长的稳定，必须设计相应的电弧弧长调节控制系统。

7.2 模糊控制相关理论

模糊控制是智能控制技术之一。模糊控制以模糊集合论、模糊语言变量及模糊逻辑推理为基础，模拟人的近似推理和决策过程。模糊控制有许多优点，如在设计系统时不需要建立被控对象的数学模型，较易建立语言变量的控制规则，系统的鲁棒性强。大量的工程实践表明，模糊控制主要适用于那些由于非线性时变、滞后和其他建模复杂性引起的结构或参数未建模的系统的控制，同基于精确数学模型的控制方法相比，模糊控制在处理不精确与启发式知识、控制具有高度不确定性的复杂系统时具有明显的优越性[4,5]。由于焊接现场存在着强烈的弧光、烟尘、电磁干扰、焊丝偏移和速度变化，焊接过程伴随着传热传质，物理化学冶金反应，是一个典型的非线性、强耦合、时变、不确定性的多变量复杂系统，很难建立起对象的精确数学模型。因此对于埋弧焊这种具有非线性、时变性和过程多干扰的焊接工艺，采用模糊智能控制技术非常适用于埋弧焊弧长控制的建模和控制。

模糊控制器是模糊控制系统的核心，一个模糊控制器应该具备以下三个重要功能：

1）把系统的偏差从数字量转化为模糊量（模糊化过程）。

2）对模糊量由给定的规则进行模糊推理（规则库和推理决策完成）。

3）解模糊化过程，也即将推理结果的模糊输出量转化为实际系统能够接受的精确量或者模拟量。

模糊控制的主要任务是以被控系统的性能指标作为设计和调节控制器参数的依据，使得模糊控制器能够满足控制要求。模糊控制器的设计问题也就是模糊化过程、规则库知识库的建立问题、推理决策以及解模糊化、精确化计算等部分的设计问题。

7.3　埋弧焊变速送丝弧长模糊控制原理

根据前面埋弧焊电弧特性分析，埋弧焊弧长模糊控制逻辑框图如图 7-5 所示。该弧长调节模糊控制系统的研究是以保证电弧稳定和焊缝成形为目标，其主要功能是通过在线监测反馈电弧电压 U_f，通过模糊控制器调节送丝电动机驱动电压，改变送丝速度 v_f，来维持弧长的稳定，实现电弧的灵活稳定调节，使焊接过程中电弧参数尽量与预置值一致，达到实现焊接过程稳定、保证焊缝成形的目的。双丝埋弧焊系统中采用了两套独立的送丝机构，两个送丝机的电路、工作原理和运算方法都是一样的。

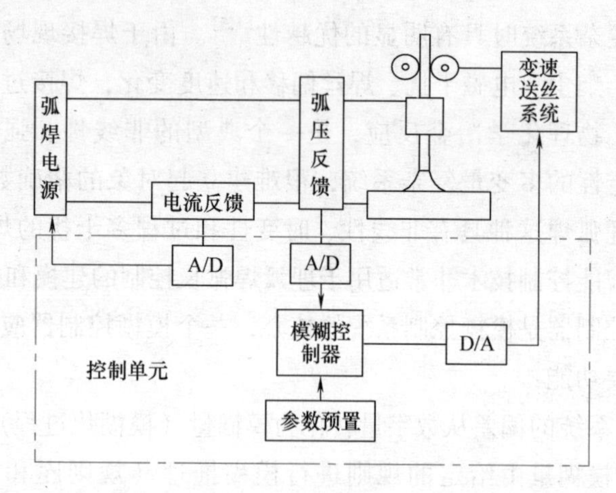

图 7-5　埋弧焊弧长模糊控制逻辑框图

7.4　模糊控制器设计

7.4.1　模糊控制器结构设计

由模糊逻辑推理法可知，对于 n 条模糊控制规则可以得到 n 个输入输出关系矩阵 R_1，R_2，…，R_n，由模糊规则的合成算法可得系统总的模糊关系矩阵为[6,7]

$$R = \bigcup_{i=1}^{n} R_i \tag{7-16}$$

则对于任意系统偏差 E_i 和系统偏差变化率 EC_j，其对应的模糊控制器输出 U_{ij} 为

$$U_{ij} = (E_i \times EC_j)R \tag{7-17}$$

对式（7-17）得到的模糊控制量 U_{ij} 再进行解模糊计算就可以直

接去控制系统对象了。然而，在实际应用中，由于模糊关系矩阵 R 是一个高阶矩阵，如果对于任何瞬间的系统偏差 E_i 和偏差变化率 EC_j 都用式（7-17）合成计算出控制输出 U_{ij}，显然要花费大量的计算时间，其结果是系统实时控制性能变差。为了克服实时计算量大的缺点，模糊控制在实际应用中通常采用的是查表法。

查表法的基本思想是通过离线计算得到一个模糊控制表，并将其存放在计算机内存中，当控制器进行工作时，只需直接根据采样得到的偏差 E 和偏差变化率 EC 的量化值找出当前时刻的控制输出量化值，然后，将此量化值乘以比例因子得到最终的输出控制量，其结构图如图 7-6 所示，该结构是双输入单输出的典型结构，是目前工业控制应用最为广泛的结构之一。

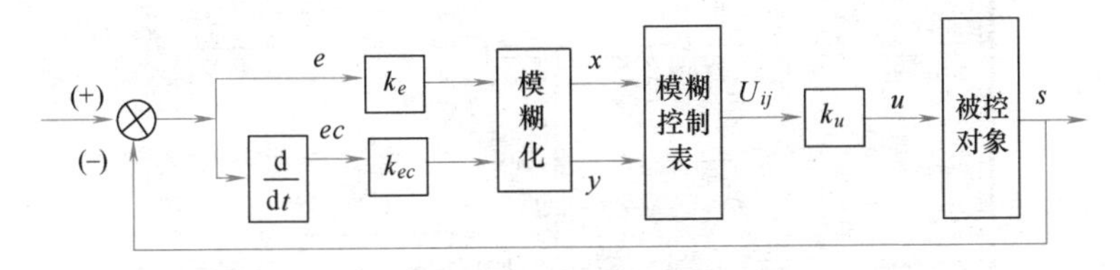

图 7-6　查表方式的模糊控制器结构图

图 7-6 中 k_e、k_{ec} 分别为偏差 e 和偏差变化率 ec 的量化因子，k_u 为输出控制量 u 的比例因子，x、y 分别为 e、ec 的量化值，U_{ij} 为模糊控制表的输出值，u 为作用于控制对象的控制量，s 为被控对象的参数反馈值。查表法设计的关键是模糊控制表的生成。

7.4.2　基于 MATLAB 的模糊控制器设计

MATLAB 推出的模糊逻辑工具箱（Fuzzy Logic Toolbox）是进行模糊控制器设计的一个有效工具箱，利用此工具箱对模糊控制器进行具体设计[8]。

模糊控制器的设计主要包括：控制参量的确定、变量的模糊化、隶属度函数的确定、模糊控制规则的建立及解模糊判决。MATLAB 模糊逻辑工具箱提供了五个基本的图形用户界面（GUI）来设计模糊控制器，可直观地完成模糊控制器的设计，它们分别是：模糊推理系统（FIS）编辑器、隶属度函数编辑器、规则编辑器、规则观察器和曲面观察器。五个基本 GUI 之间是动态链接的，其运行界面如图 7-7 所示。

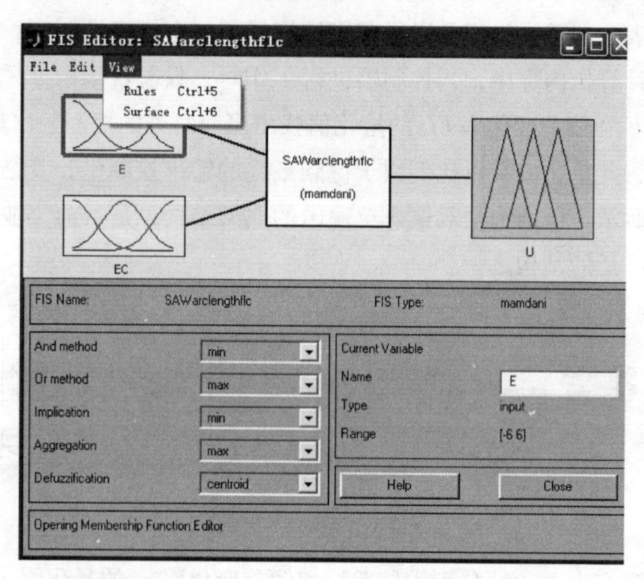

图 7-7 模糊系统主界面

1. 控制参量的确定

由前面的分析可知，电弧弧长变化大小受送丝速度 v_f 的影响。模糊控制器的主要功能是通过在线监测反馈电弧电压 U_f，通过模糊控制器输出调节送丝驱动电路中晶闸管触发时间长短的电压，使得送丝电动机驱动电压发生变化，从而改变电动机的转数，控制送丝速度 v_f，来维持弧长的稳定。因此选择反馈电弧电压 U_f 的偏差 E 和偏差变化率 EC 作为模糊控制器输入变量，调节晶闸管触发时间长短的电压 U 为控制器输出变量。

2. 变量的模糊化

变量的模糊化过程，主要是通过测量输入变量的值，并将其转化为通用语言值表示的某一限定码的序数，每一个限定码表示论域里的一个模糊子集，并由其隶属度函数来定义。对模糊控制器的输入变量作以下定义：

$$e_n = U_g - U_{f_n}$$
$$ec_n = e_n - e_{n-1} \tag{7-18}$$

式中　e_n——第 n 次的采样偏差；

U_g——电弧电压给定量；

U_{f_n}——第 n 次采集到的电弧电压反馈量；

ec_n——第 n 次的偏差变化率；

e_{n-1}——第 $n-1$ 次的采样偏差。

实际焊接中弧长波动一般不超过 ±2mm，根据在埋弧焊情况下电场强度为 30V/cm[9]，由此可得输入量的偏差范围为：$e_n = -0.2 \times 30 \sim 0.2 \times 30 \approx -6 \sim 6$V。

选定 e_n 的变化范围为 [-6，6]，同样 ec_n 的变化范围也为 [-6，6]。

偏差 E、偏差变化率 EC 和输出控制量 U 的模糊集和论域选取如下：

取 E、EC、U 的论域皆为 [-6，6]，分为十三级，即

$$E = \{-6, -5, -4, -3, -2, -1, 0, 1, 2, 3, 4, 5, 6\}$$
$$EC = \{-6, -5, -4, -3, -2, -1, 0, 1, 2, 3, 4, 5, 6\}$$
$$U = \{-6, -5, -4, -3, -2, -1, 0, 1, 2, 3, 4, 5, 6\}$$

在各论域 E、EC、U 的语言变量取七个语言值：负大（NB）、负中（NM）、负小（NS）、零（ZO）、正小（PS）、正中（PM）、正大（PB），分为七档，即

$$E = \{NB、NM、NS、ZO、PS、PM、PB\}$$
$$EC = \{NB、NM、NS、ZO、PS、PM、PB\}$$
$$U = \{NB、NM、NS、ZO、PS、PM、PB\}$$

根据偏差、偏差变化率及输出量的取值范围和它们的论域，可求

出偏差 e 的量化因子 k_e、偏差变化率 ec 的量化因子 k_{ec} 和输出量 u 的比例因子为

$$k_e = 6/6 = 1$$
$$k_{ec} = 6/6 = 1$$
$$k_u = 6/6 = 1 \tag{7-19}$$

3. 隶属度函数的确定

隶属度函数形状可取为三角形、梯形、钟形或正态分布。为了保证所有论域内的输入量都能与某一模糊子集相对应，模糊子集的数目和范围必须要遍及整个论域，对每一个输入量，至少有一个模糊子集的隶属度大于零。在隶属度函数的选择方面，已有经验表明，通常选用三角形和梯形函数的隶属度函数在实际应用中带来很多方便[7]。

以三角形曲线形状隶属度函数为例，模糊量 E、EC、U 的隶属度函数表达式形式为

$$u(x) = \begin{cases} (x-a)/(b-a) & x \in [a,b] \\ (c-x)/(c-b) & x \in [b,c] \\ 0 & \text{其他情况} \end{cases} \tag{7-20}$$

式中　a、b、c——三角形参数。

由 MATLAB 模糊逻辑工具箱隶属度函数编辑器编辑的 E、EC、U 隶属度函数曲线如图 7-8 所示，隶属度见表 7-1。

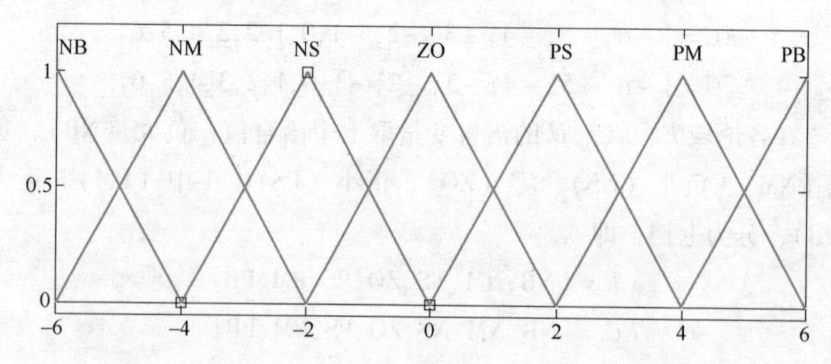

图 7-8　偏差量 E、偏差变化率 EC、输出量 U 的隶属度函数

表7-1 偏差量 E、偏差变化率 EC 和输出量 U 的隶属度

	-6	-5	-4	-3	-2	-1	0	1	2	3	4	5	6
PB	0.0	0.0	0.0	0.0	0.0	0.0	0.0	0.0	0.0	0.0	0.0	0.5	1.0
PM	0.0	0.0	0.0	0.0	0.0	0.0	0.0	0.0	0.0	0.5	1.0	0.5	0.0
PS	0.0	0.0	0.0	0.0	0.0	0.0	0.0	0.5	1.0	0.5	0.0	0.0	0.0
ZO	0.0	0.0	0.0	0.0	0.0	0.5	1.0	0.5	0.0	0.0	0.0	0.0	0.0
NS	0.0	0.0	0.0	0.5	1.0	0.5	0.0	0.0	0.0	0.0	0.0	0.0	0.0
NM	0.0	0.5	1.0	0.5	0.0	0.0	0.0	0.0	0.0	0.0	0.0	0.0	0.0
NB	1.0	0.5	0.0	0.0	0.0	0.0	0.0	0.0	0.0	0.0	0.0	0.0	0.0

4. 模糊控制规则的建立

采用弧压偏差和偏差变化率作为输入量，可以保证控制系统的稳定性，减少超调和振荡。逻辑推理决策实质是模糊逻辑推理，它是以模糊判断为前提，运用模糊语言规则推出近似模糊判断结论的方法。控制规则的建立采用较为成熟的 Mamdani（Max - Min）推理算法，其基本设计原则为：当偏差较大时，以消除偏差为主，当偏差较小时，则以系统稳定、消除振荡和防止超调为主[10-13]。模糊控制器的模糊控制规则具有如下形式：

$$\text{IF}\{E=A_i, EC=B_i\}\ \text{THEN}\ U=C_i,\quad i=1,2,\cdots,7$$

式中 A_i、B_i和 C_i——各自论域上的模糊语言值（如 NB、NM 等）。

由每条 IF - THEN 控制规则可得一个三元模糊关系：

$$R_{ij}=(E_i\times EC_j)U_{ij} \tag{7-21}$$

相应的隶属度函数为

$$\mu_{R_{ij}}(e,ec,u)=\mu_{E_i}(e)\hat{}\mu_{EC_j}(ec)\hat{}\mu_{U_{ij}}(u) \tag{7-22}$$

$\forall e\in E$，$\forall ec\in EC$，$\forall u\in U$。

采用 Max - Min 推理合成算法有

$$R=\bigcup_{i=1,j=1}^{i=7,j=7}R_{ij} \tag{7-23}$$

相应的隶属度函数为

$$\mu_R(e,ec,u) = \max_{i=1\sim7,j=1\sim7}[\mu_{R_{ij}}(e,ec,u)] \tag{7-24}$$

根据输入 E 和 EC，可求得输出控制量 U:

$$U = (E \times EC)R \tag{7-25}$$

相应的隶属度函数为

$$\mu_U(u) = {}_\vee\mu_R(e,ec,u)_\wedge[\mu_E(e)_\wedge\mu_{EC}(ec)] \tag{7-26}$$

$\forall e \in E$，$\forall ec \in EC$，$\forall u \in U$。

根据系统工作的特点，取每条模糊控制规则的权重皆为 1，按上述推理方式可归纳出 7×7 =49 条规则，见表 7-2。

表 7-2 模糊控制规则表

控制量 U		偏差 E						
		NB	**NM**	**NS**	**ZO**	**PS**	**PM**	**PB**
偏差变化率 EC	PB	ZO	ZO	NS	NB	NB	NB	NB
	PM	PS	PS	NS	NM	NM	NM	NB
	PS	PM	PM	ZO	NS	NS	NM	NB
	ZO	PB	PM	PS	ZO	NS	NM	NB
	NS	PB	PM	PS	PS	ZO	NM	NB
	NM	PB	PM	PM	PM	PS	NS	NS
	NB	PB	PB	PB	PB	PS	ZO	ZO

5. 解模糊判决

通过模糊推理得到的模糊集合，必须要经过解模糊判决过程，才能得到一个精确值去执行控制过程。目前常用的解模糊判决方法有重心法、平均最大值法、最大隶属度法。其中重心法的控制精度最高、稳态性能好，所以选用重心法进行精确量的解模糊判决。重心法就是取模糊隶属函数曲线与基础变量轴围成面积的重心所对应的基础变量值作为确定值的方法。其计算公式为

$$u = \frac{\sum_{i=1}^{n}\mu(U_i)U_i}{\sum_{i=1}^{n}\mu(U_i)} \tag{7-27}$$

6. 模糊控制表的生成

把 49 条控制规则输入 MATLAB 模糊逻辑工具箱的规则编辑器，用规则观察器可得出模糊控制表（见表 7-3）。

表 7-3　模糊控制表

控制量		EC												
u		-6	-5	-4	-3	-2	-1	0	1	2	3	4	5	6
	-6	6	6	6	6	6	6	6	5	4	3	2	1	0
	-5	6	5	5	5	5	5	5	5	4	3	2	1	0
	-4	6	5	4	4	4	4	4	4	4	3	2	1	0
	-3	6	5	4	3	3	3	3	2	2	1	0	0	-1
	-2	6	5	4	3	2	2	2	1	0	-1	-2	-2	-2
	-1	6	5	4	3	2	1	1	0	-1	-2	-3	-4	-4
e	0	6	5	4	3	2	1	0	-1	-2	-3	-4	-5	-6
	1	4	4	3	2	1	0	-1	-1	-2	-3	-4	-5	-6
	2	2	2	2	1	0	-1	-2	-2	-2	-3	-4	-5	-6
	3	1	0	0	-1	-2	-2	-3	-3	-3	-3	-4	-5	-6
	4	0	-1	-2	-3	-4	-4	-4	-4	-4	-4	-4	-5	-6
	5	0	-1	-2	-4	-5	-5	-5	-5	-5	-5	-5	-5	-6
	6	0	-1	-2	-4	-6	-6	-6	-6	-6	-6	-6	-6	-6

从 MATLAB 模糊逻辑工具箱曲面观察器可观察到基于整个输入集（E、EC）变化区间的整个输出集（U）的变化范围，其表面形状如图 7-9 所示，从图中可以看出输入与输出之间呈现非线性关系，曲面的变化比较平缓，具有比较平滑的输出推理。

7. 模糊控制实现

根据上述得到模糊控制表，将模糊控制表看成是二维的 $n \times m$ 矩阵表，其中 $n=m=13$，将控制表的数据按行顺序存到计算机（工控

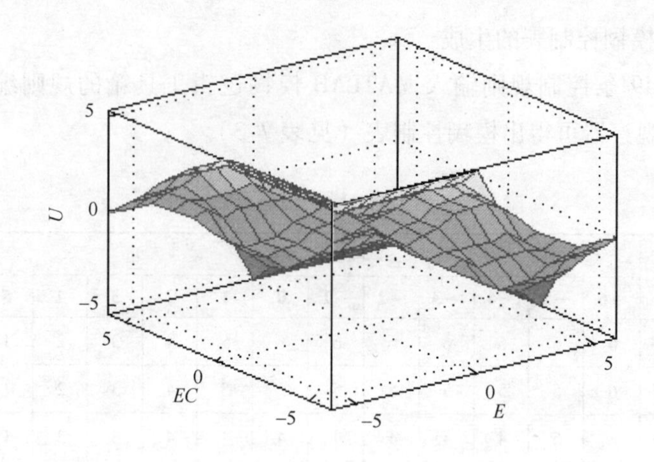

图 7-9 模糊输入 E、EC 与输出 U 的关系

机）或微控制器中，因此 U_{ij}元素的位置为 $13i+j$。在实际控制过程中，将采样电压信号作平均处理，然后进行偏差的计算和模糊控制表的查询，具体包括以下几步工作[14]：

1）在每一个周期中采样电弧电压 U_{f_n}，并求取实际的即时偏差 e_n 和偏差变化率 ec_n。

$$e=U_g-U_{f_n}$$
$$ec=e_n-e_{n-1} \tag{7-28}$$

2）将实际的 e 和 ec 按下面公式计算

$$x=\langle k_e e+0.5\rangle$$
$$y=\langle k_{ec} ec+0.5\rangle \tag{7-29}$$

取得相应论域元素表征的查表所需要的 x、y 值。

3）以 x、y 分别按 U_{ij}元素的位置为 $13i+j$ 查找控制表的行和列，可得到控制量的论域值 U_{ij}。

4）将查表得到的控制量的论域值 U_{ij}和 U_{ij1}按下面公式计算，即

$$u=k_u U_{ij} \tag{7-30}$$

由此便可得到实际的控制量 u，输出去调节送丝电动机的驱动电压，改变送丝速度 v_f以实现电弧长度的实时控制。

7.5　应用实例

将设计的埋弧焊弧长模糊控制器应用于埋弧焊电弧稳定性控制，在目前应用较为典型的上坡焊试验上进行试验，如图7-10所示。

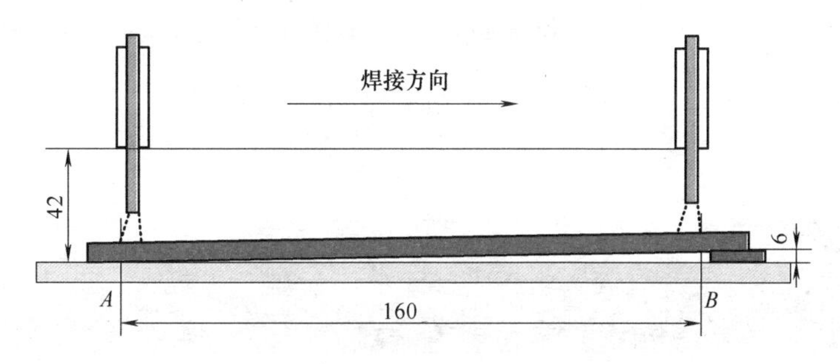

图7-10　上坡焊试验示意图

试验条件：低碳钢板焊件，厚度12cm；焊丝直径为5mm，牌号H08A；焊剂牌号HJ431；交流方波埋弧焊电源MZE1000，焊接电流、电压分别为800A、42V（频率50Hz，占空比50%），焊接速度0.9m/min，焊丝伸出长度为30mm，焊接起始点和终点高度差6mm，堆焊方法。

图7-11所示是上坡焊试验A和B两点的电流电压波形，从图中可以看出电流基本保持800A不变，电弧电压基本保持42V不变，说明上坡焊接试验中弧长基本不变并保持着电源恒流输出；图7-12所示为上坡焊焊缝外观图，从图7-12中可以看出，整个焊缝的熔宽前后一致。在整个上坡焊试验过程中，无短路或断弧现象发生，前后电弧电压、焊接电流基本保持稳定，说明焊炬高度发生变化时弧长基本不变，焊接过程能够稳定进行，也验证了设计的模糊控制系统对电弧弧长的调节起到良好的作用。

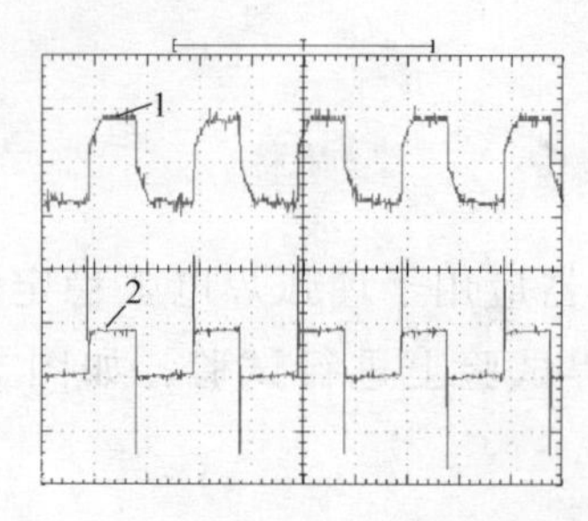

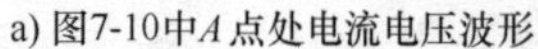
a) 图7-10中A点处电流电压波形

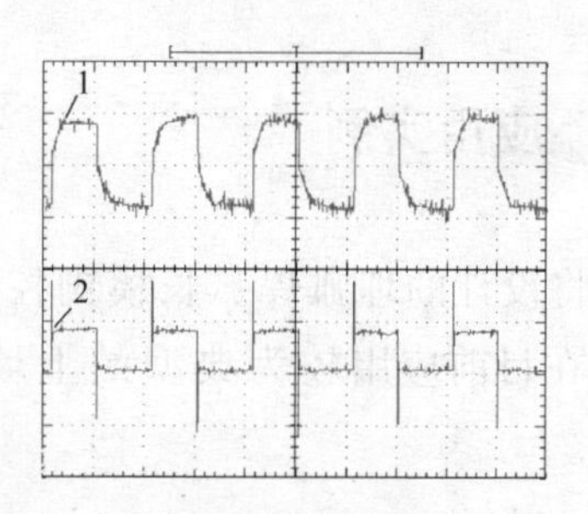

b) 图7-10中B点处电流电压波形

图 7-11 上坡焊试验电流电压波形

1—I为500A/div 2—U为100V/div 横轴—T为10ms/div

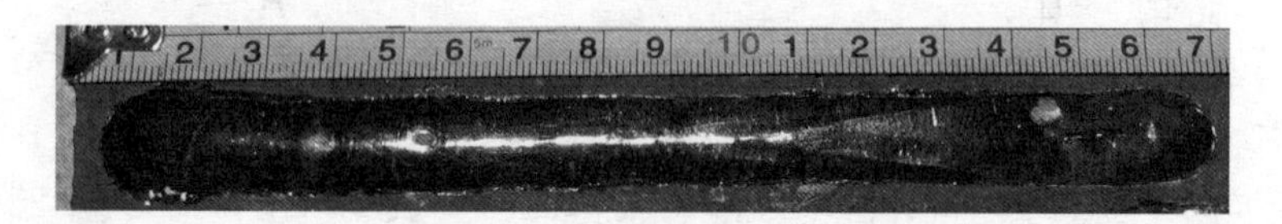

图 7-12 上坡焊焊缝外观图

参考文献

[1] 安藤弘平，长谷川光雄. 焊接电弧现象 [M]. 北京：机械工业出版社，1985.

[2] 潘际銮. 现代弧焊控制 [M]. 北京：机械工业出版社，2000.

[3] D Sc，Janez Tus. Mathematical modeling of melting rate in twin- wire welding [J]. Journal of Materials Processing Technology，2000，100：250-256.

[4] 李人厚. 智能控制理论和方法 [M]. 西安：西安电子科技大学出版社，1999.

[5] 刘曙光，魏俊民，竺志超. 模糊控制技术 [M]. 北京：中国纺织出版社，2001.

[6] Wang L X. Design and analysis of fuzzy identifiers of nonlinear dynamic systems [J]. IEEE Transactions on Automatic Control，1995，40 (1)：11-23.

[7] 章卫国，杨向国. 模糊控制理论与应用 [M]. 西安：西北工业大学出版

社，1999.

[8] 薛定宇，陈阳泉．基于 MATLAB/Simulink 的系统仿真技术与应用［M］．北京：清华大学出版社，2002.

[9] 韩国明．焊接工艺理论与技术［M］．北京：机械工业出版社，2007.

[10] Tong Shaocheng，Chai Tianyou. Stable fuzzy adaptive control for a class of nonlinear systems［J］. Journey of Fuzzy Mathematics，1998，63：609.

[11] 陈强，潘际銮，大岛健司．焊接过程的模糊控制［J］．机械工程学报，1995，31（4）：86-91.

[12] Su J P，Chen T M，Wang C C. Adaptive fuzzy sliding mode control with GA-based laws［J］. Fuzzy Sets and Systems，2001，120（1）：145-158 .

[13] Wang C H，Liu H L，Lin T C. Direct adaptive fuzzy-neural control with state observer and supervisory controller for unknown nonlinear dynamical systems［J］. IEEE Transactions on Fuzzy Systems，2002，10（1）：39-49 .

[14] 何宽芳，黄石生．Fuzzy logic control strategy for submerged arc automatic Welding of digital controlling［J］，china welding，2008，3：55-58.

第8章 双丝埋弧焊过程数字化控制

随着计算机、传感和现代控制技术在焊接工程中的推广和应用，大大提高了焊接过程控制的自动化水平，基于计算机控制系统的焊接过程自动化控制技术已逐渐成熟，使得对焊接工艺及焊缝成形过程的监测与控制技术都有了更高的要求。在前面章节介绍的高速埋弧焊装备技术、监测技术、工艺优化、电弧稳定控制等内容的基础上，结合现有双丝速埋弧焊过程数字化协同控制的软、硬件系统设计案例，本部分内容将较为全面地介绍双丝高速埋弧焊装备数字化控制原理及相关技术。

8.1 双丝埋弧焊过程数字化控制原理

双丝埋弧焊过程协同控制总体结构如图8-1所示，双丝埋弧焊过程的协同控制分为两个阶段，第一个阶段是通过对焊接参数的优化设置如焊接电源电参数、焊接速度等参数的设置以满足高速焊接焊缝质量的要求，即获得优化的工艺设置；第二个阶段是采用焊接参数在线监控方法保持优化的工艺在焊接过程中的一致，保证获得预期的焊接质量，并通过对两台弧焊电源、送丝系统、行走机构的起停进行起弧、收弧和焊接过程的协同控制，使得焊接过程稳定并获得优质的焊缝成形。

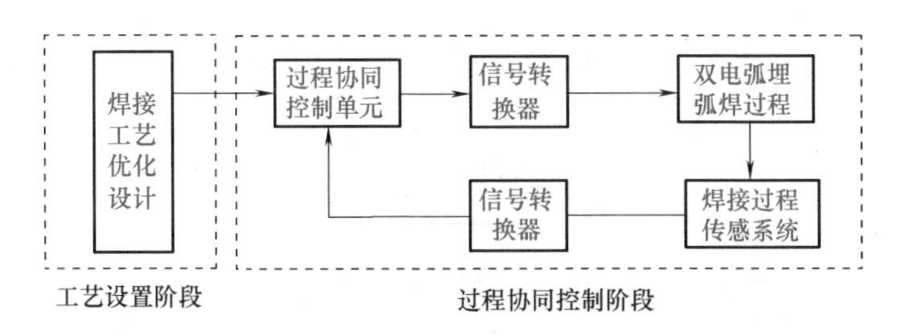

图 8-1　双丝埋弧焊过程协同控制总体结构

8.1.1　焊接工艺设置阶段

双丝埋弧焊由于其高度的机械化和自动化，受焊工的操作影响相对较小，焊接参数优化选择成为提高焊缝质量的关键。目前解决这一问题主要依靠反复的工艺试验并测量焊缝截面形状尺寸，工艺工程师根据自己的经验调节焊接装备设置以改善焊缝成形质量，直到获得满足指定质量指标，或依赖于富有经验的专家以及以专家知识汇集而成的手册，重复工作量大，而且效率很低。应用数学建模技术、优化理论的知识为基础，建立双丝埋弧焊焊接参数优选理论及算法并得以实施是解决这一问题的有效途径。

第 6 章建立了焊接参数与焊缝成形质量的 BP 网络模型，并结合优化理论方法提出了双丝高速埋弧焊工艺优化的理论和算法。

8.1.2　焊接过程协同控制阶段

对焊接参数过程控制，如图 8-2 所示，采用闭环反馈系统，由被控对象、监测环节、比较器和控制器、驱动执行装置四部分组成。根据控制目的要求，被控对象可以是电弧的电参数或焊接速度。控制器的任务是对偏差信号进行运算以求出适当的信号输送给驱动执行机构。本文第 7 章中，利用模糊控制理论对埋弧焊过程电弧稳定控制进行了研究，通过设计和改进模糊控制器的结构提升了控制精度，对弧压的调节起到良好的作用。

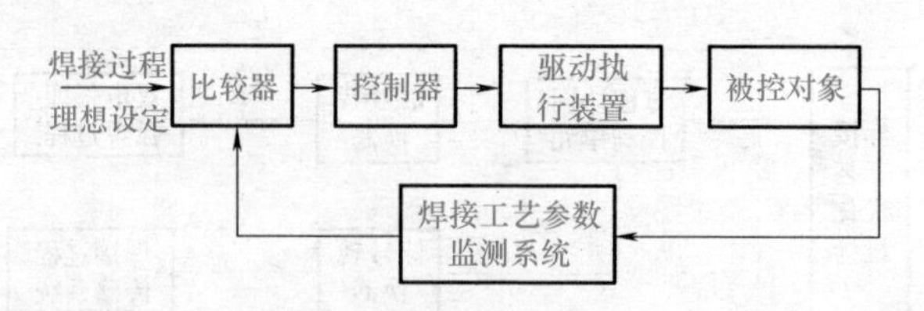

图 8-2 焊接参数闭环控制

双丝埋弧焊过程的协同控制主要是通过对两台弧焊电源、两套送丝系统、行走机构的起、停，进行起弧、收弧和焊接过程的协同控制，实现对两电弧的协同控制，以保证双丝电弧之间协同稳定工作，提高对大功率粗丝高速埋弧焊工艺的适应性。

借助数字化控制技术，精密控制两电弧能量参数实现粗丝焊熔滴大小、过渡的平稳性，并进行多参数优化匹配，增强两电弧的挺度，以便进一步提高焊接速度并获得均匀、美观的焊缝成形。

基于上述双电弧埋弧焊过程协同控制原理，本章将结合计算机接口和传感监测等技术，介绍双丝高速埋弧焊过程计算机协同控制软、硬件系统，实现双电弧高速埋弧焊过程在线协同控制。

8.2 双丝起弧收弧时序控制

图 8-3 所示为双丝串列埋弧焊起弧与收弧控制方法所采用的焊接系统。焊接系统 S 具有主、从焊接电源 P_A、P_B，主、从送丝机 F_A、F_B（也可称为前丝送丝机和后丝送丝机），焊炬 T，行走机构 T_R，计算机装置 C_O，接口电路 C_J 和焊接控制装置 C_W。该焊接系统用于双丝串列埋弧焊工艺。

主、从焊接电源 P_A、P_B 分别给前、后焊丝 W_f、W_b 供电（注：下标 f 表示“前”，下标 b 表示“后”，分别对应于前焊丝和后焊丝，下同），使它们各自产生电弧。主、从焊接电源 P_A、P_B 分别通过接口电路 C_J 与焊接控制装置 C_W 进行信号传输。由焊接控制装置 C_W 的电

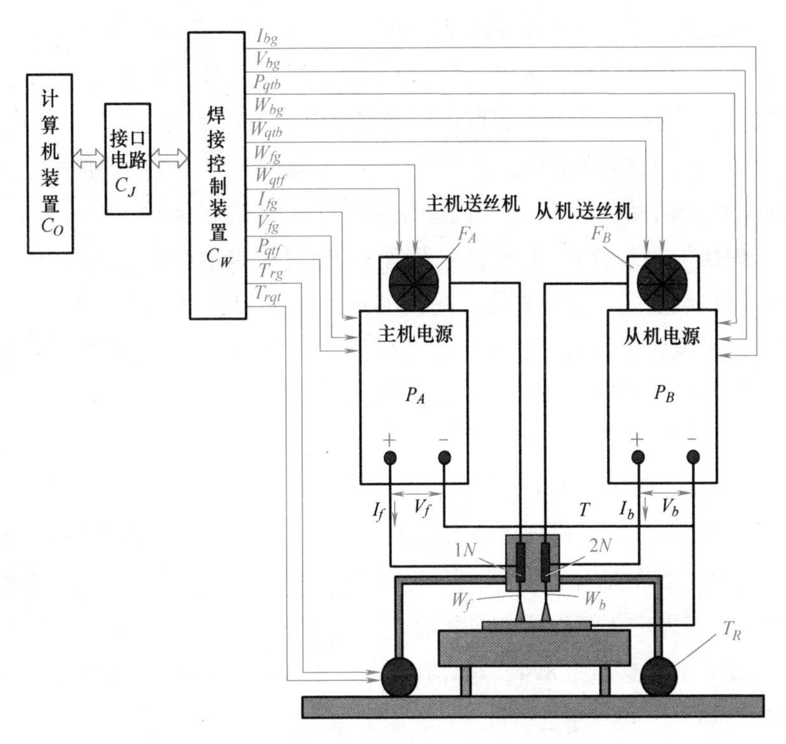

图 8-3　双丝串列埋弧焊起弧与收弧控制方法所采用的焊接系统

流、电压给定电路给出的焊接电流给定信号 I_{fg}、I_{bg} 和焊接电压给定信号 V_{fg}、V_{bg} 实现主、从焊接电源 P_A、P_B 的电流 I_f、I_b 和电压 V_f、V_b 的设定值，并由焊接控制装置 C_W 给出启动、停止信号 P_{qtf}、P_{qtb} 以控制主、从焊接电源 P_A、P_B 的启停。主、从送丝机 F_A、F_B 分别用于前、后焊丝 W_f、W_b 的进给，主、从送丝机 F_A、F_B 均有直流电动机、送丝轮等部件（图中未示出）以实现前、后焊丝 W_f、W_b 的进给，主、从送丝机 F_A、F_B 分别有接口与焊接控制装置 C_W 进行信号传输，由焊接控制装置 C_W 的送丝速度设定电路给出送丝速度给定信号 W_{fg}、W_{bg} 以实现主、从送丝机 F_A、F_B 送丝速度的设定值 v_{fw}、v_{bw}，并由焊接控制装置 C_W 给出启动、停止信号 W_{qtf}、W_{qtb} 以控制主、从送丝机 F_A、F_B 的启停。

行走机构 T_R 用于前焊丝 W_f 和后焊丝 W_b 沿一定方向的行走，行走机构 T_R 有接口与焊接控制装置 C_W 进行信号传输。行走机构 T_R 由焊接控制装置 C_W 的行走速度设定电路给出行走速度给定信号 T_{rg} 以实现行走机构 T_R 速度的设定值（对应于焊接速度 v_W），并由焊接控制装置 C_W 给出启动、停止信号 T_{rqt} 以控制行走机构 T_R 的启停。

焊接控制装置 C_W 与计算机装置 C_O 通过接口电路 C_J 连接，可通过计算机装置 C_O 给出的信号间接实现主、从焊接电源 P_A、P_B 的电流、电压设定值及启停，主、从送丝机 F_A、F_B 的送丝速度的设定值及启停和行走机构 T_R 速度的设定值及启停。

焊炬 T 具有两个导电嘴 1N、2N，每个导电嘴中空通孔，通孔直径有 3mm、4mm、5mm 等规格，两个导电嘴 1N、2N 的中心距离对应于焊丝间距 l。双丝串列埋弧焊过程中，前、后焊丝 W_f、W_b 分别从导电嘴 1N、2N 的通孔中穿过，焊炬 T 安装在行走机构 T_R 上，由行走机构 T_R 带着焊炬 T 沿焊接方向移动。

接下来，参照图 8-4，对焊接系统 S 的双电弧串列埋弧焊起弧与收弧控制方法的时序进行说明。

在 t_0 时刻，B 点位置，开始启动主焊接电源 P_A，使得前焊丝 W_f 与母材 B_m 之间形成空载电压 V_k，并由焊接控制装置 C_W 的电流给定电路给出起弧电流的给定信号，设定起弧电流 I_q，同时由焊接控制装置 C_W 给出启停信号 T_{rqt}、W_{qtf} 启动行走机构 T_R 和主送丝机 F_A（前丝送丝机），此时前焊丝 W_f 进给速度比稳定焊接时的速度慢。此时，从焊接电源 P_B 和从送丝机 F_B（后丝送丝机）不工作，后焊丝 W_b 的端部距离母材 B_m 的表面有一定的高度。

在 t_1 时刻，前焊丝 W_f 产生电弧 a_f 后，主焊接电源 P_A 按设定焊接电流 I_f 供电，主送丝机 F_A 按设定送丝速度送丝，此时从焊接电源 P_B 和从送丝机 F_B 不工作。

在 t_2 时刻，B 点位置，开始启动从焊接电源 P_B，使得后焊丝 W_b 与母材 B_m 之间形成空载电压 V_k，并由焊接控制装置 C_W 的电流给定

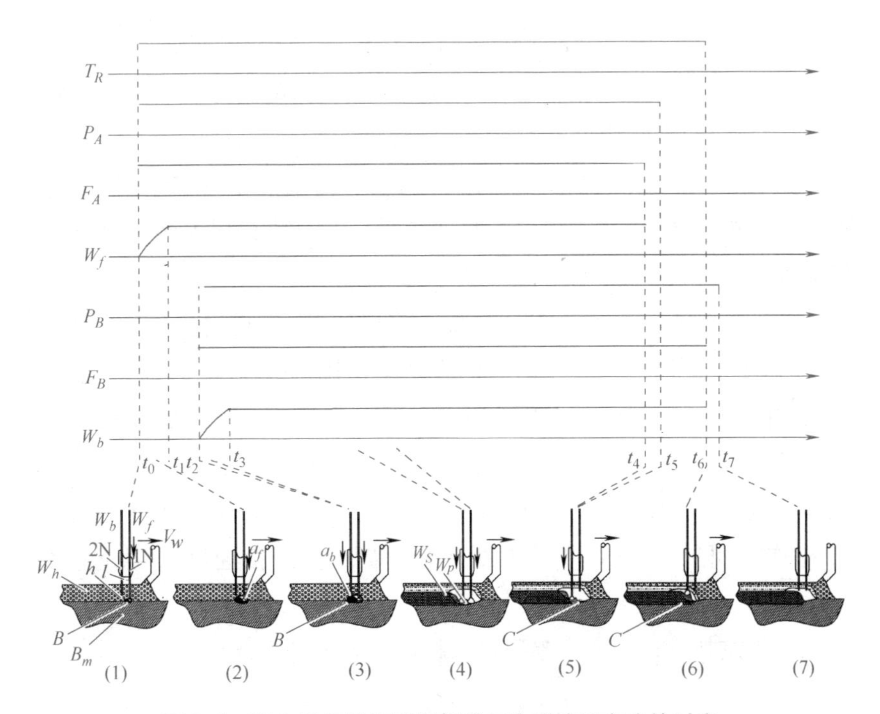

图 8-4　双电弧串列埋弧焊起弧与收弧控制方法的时序

电路给出起弧电流的给定信号，设定起弧电流 I_q（电源向焊丝提供的起弧电流大小由焊丝直径粗细决定），同时由焊接控制装置 C_W 给出启停信号启动从送丝机 F_B，此时后焊丝 W_b 进给速度比稳定焊接时的速度慢。

其中，t_0 到 t_2 这段时间（起弧时从焊接电源和从送丝机的启动滞后于主焊接电源和主送丝机的启动一定时间）T_1 由焊丝间距 l 及焊接速度 v_R 决定，即 $T_1 = l/v_R$。

在 t_3 时刻，后焊丝 W_b 产生电弧后，从焊接电源 P_B 按设定焊接电流供电，从送丝机 F_B 慢送丝变为正常送丝。

在 $t_3 \sim t_4$ 时刻之间，前后焊丝 W_f、W_b 都按给定电流、给定电压进行焊接。此时，主焊接电源 P_A 供给前焊丝 W_f 的焊接电流大于从焊接电源 P_B 供给后焊丝 W_b 的焊接电流。

在 t_4 时刻，C 点位置，停止主送丝机 F_A 即停止前焊丝 W_f 的送丝，同时延时到 t_5 时刻停止主焊接电源 P_A 的供电，行走机构 T_R 继续行走，从送丝机 F_B 和从焊接电源 P_B 继续工作。

在 t_6 时刻，C 点位置，停止从送丝机 F_B 即停止后焊丝 W_b 的送丝，行走机构 T_R 停止行走，同时延时到 t_7 时刻停止从焊接电源 P_B 的供电。

其中，t_4 到 t_5 这段时间是收弧时前焊丝 W_f 停止送丝后主焊接电源 P_A 供电的延时时间，延时时间在一定范围内（见表 8-1）；t_6 到 t_7 这段时间是收弧时后焊丝 W_b 停止送丝后从焊接电源 P_B 供电的延时时间，延时时间在一定范围内（见表 8-1）；t_4 到 t_6 这段时间表示收弧时从焊接电源 P_B 和从送丝机 F_B 的停止滞后于主焊接电源 P_A 和主送丝机 F_A 的停止一定时间 T_2，其由焊丝间距 l 及焊接速度 v_R 决定，即 $T_2 = l/v_R$。

上述控制过程中各个参数可以根据表 8-1 进行选择。

表 8-1　各参数的可选范围

参数	I_f/A	I_b/A	I_q/A	V_f/V	V_b/V	V_k/V	v_{fw}、v_{bw}/(mm/s)	v_R/(mm/s)	l/mm	T_1/s	T_2/s	t_4-t_5/s	t_6-t_7/s
取值范围	500～1250	400～1000	600～1000	30～46	32～48	80～90	0～30	5～40	20～40	0.5～8	0.5～8	0.5～3	0.5～3

采用上述双丝串列埋弧焊起弧与收弧控制方法，能够获得良好的焊缝成形质量，如图 8-5 所示，前后两焊丝 W_f、W_b 形成电弧都是从起弧位置 B 开始，可以有效地避免焊缝在起弧位置由于仅受后焊丝 W_b 单电弧熔池的作用而出现一段窄焊缝；两焊丝形成电弧都是在收弧位置 C 结束，可以有效地避免焊缝在收弧位置由于仅受前焊丝 W_f 单电弧熔池的作用而出现一段窄焊缝及出现收弧位置下塌现象。可见，采用起弧收弧控制方法，可以保证整段焊缝包括起弧、收弧位置的焊缝成形基本一致，从而确保焊缝质量。无起弧与收弧控制下的

焊缝成形示意图如图 8-6 所示。

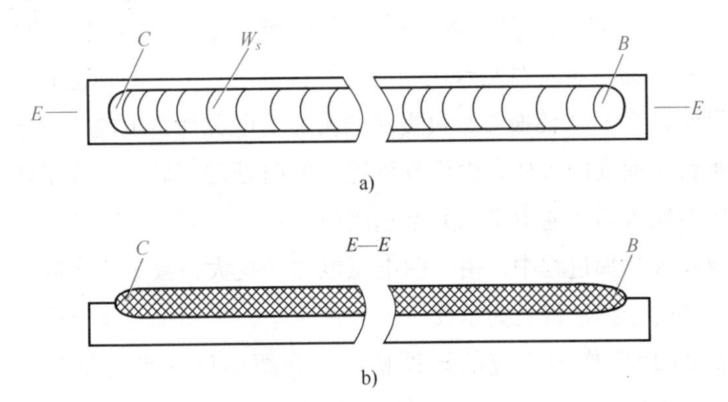

图 8-5　起弧与收弧控制下的焊缝成形示意图

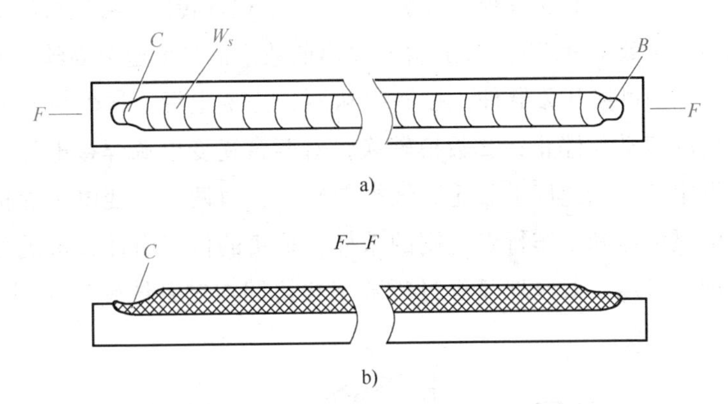

图 8-6　无起弧与收弧控制下的焊缝成形示意图

8.3　双丝埋弧焊数字化协同控制系统

8.3.1　系统硬件

数字化协同控制系统与焊接装备的接口部分通过协同控制器和双电弧埋弧焊控制盒进行连接，包括三种输入输出通道：①I/O 通道，其任务是把计算机输出的数字信号传送给双丝埋弧焊控制盒中的可控开关器件，控制台逆变电源、送丝机构和行走机构的启动与停止；②D/A 转换器，负责对两台逆变电源焊接电流、电压的设定和焊接速度的设定；③A/D 转换器，负责对两台逆变电源焊接电流、电弧电压和小车行走速度的采样，由计算机进行实时处理、显示。为了防止干扰，所有输入输出通道采用光电隔离技术。

双丝埋弧焊过程中，由于两电弧电磁干扰大，数字化协同控制系统处理器的选择显得尤为重要。一般情况下，采用抗干扰能力强、可靠性高的 PLC 作为系统的硬件核心。介绍的硬件平台是选用三菱 FX2N-64MR 型主模块作为协同控制器内核处理器，两个 FX2N-4DA 和两个 FX2N-4AD 扩展模块分别用于数模、模数转换，各模块功能具体包括：①数字量传输，把计算机输出的数字信号传送给双丝埋弧焊控制盒中的可控开关器件，控制主从两台逆变电源、送丝机构和行走机构的启动与停止；②数模转换，对两台逆变电源焊接电流、电压的设定和焊接速度的设定；③模数转换，对两台逆变电源焊接电流、电弧电压和小车行走速度的采样，采集的信号由计算机进行实时处理、显示。双丝埋弧焊过程数字化协同控制系统硬件如图 8-7 所示。

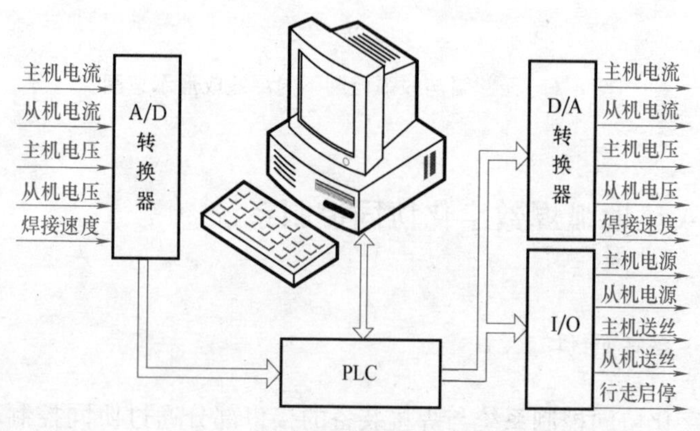

图 8-7　双丝埋弧焊控制系统框图

采用的计算机与PLC通信主要是通过RS-422转换RS-232接口进行的。计算机上的通信接口是标准的RS-232（DB-9型连接器）接口对PLC上的通信接口RS-422（DB-25型连接器），计算机与PLC连接示意图如图8-8所示。

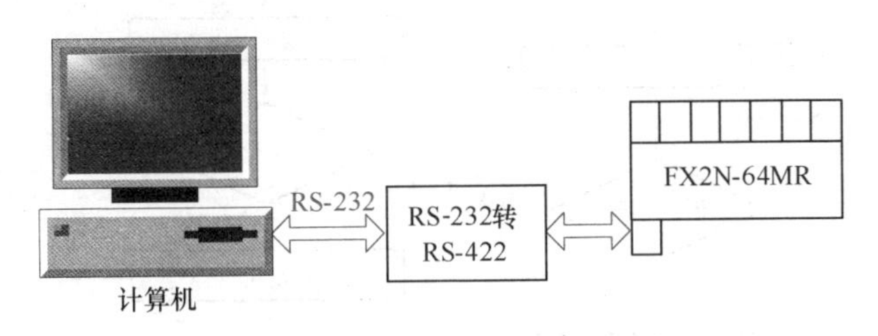

图8-8 计算机与PLC通信示意图

要实现计算机对双电弧埋弧焊焊接过程的控制，就必须进行数据双向传输，两者之间数据传输具体通过协同控制器即PLC实现数据上下通信。信号传输及数据通信通过前面介绍的专用A/D、D/A转换模块和接口电路实现，具体包括以下三种情况：①双电弧埋弧焊过程中电信号传输至计算机时，首先经过光电隔离后由A/D转换器FX2N-4AD转换成数字信号，再经PLC主模块FX2N-64MR串口上传至计算机；②计算机发给双电弧埋弧焊焊接装备的给定信号时，首先由串口下传至经PLC主模块FX2N-64MR，再经过D/A转化器FX2N-4DA转换成模拟信号，经光电隔离传输至被控对象；③计算机发给双电弧焊接装备的数字量信号时，首先由串口下传至经PLC主模块FX2N-64MR，再经过光电隔离传输至被控对象。

从双电弧埋弧焊计算机协同控制信号传输过程来看，计算机与协同控制器的通信实现工作在于通信程序的编写。在工控机Windows操作系统中，采用DELPHI进行通信程序的设计，实现与PLC串行通信，利用编程工具Visual Basic提供的特定通信控件MSComm，分别对该控件Input属性和Output属性编程来实现串行数据的接收与发送的操作。工控机接收数据程序和向PLC发送数据的程序流程是一样的，其程序流程如图 8-9 所示。

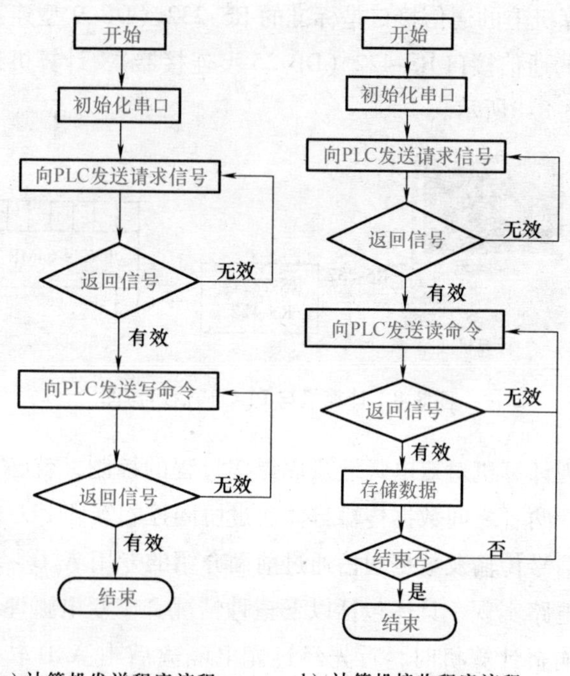

a) 计算机发送程序流程　　b) 计算机接收程序流程

图 8-9　通信程序流程

在 Windows 操作系统中用 DELPHI 实现与 PLC 通信程序设计实现串行通信主要有三种途径：①利用一些编程工具如 DELPHI 提供的通信控件 SPComm，Visual Basic 或 Visual C ++ 提供的特定通信控件 MSComm，通过对这些控件编程来实现对串口的操作；②调用 Windows 提供的 API 函数在 Win32 环境下，硬件设备被当作文件系统来访问，应用程序调用 Create File( ) 函数来读写数据；③通过 C/C ++ 语言将自己的程序编译链接为 DLL，然后用 DELPHI7.0 调用 DLL 里的函数来通信。本文采用 MSComm 控件进行串口通信程序设计，其初始化子例程序如下：

```
Procedure TForm1.FormCreate(Sender:TObject);
```

```
begin
    MSComm1.CommPort:=1;                      //{使用 COM2 口为通信口}
    MSComm1.InBufferSize:=1024;               //{设定接收队列长度为 1KB}
    MSComm1.OutBufferSize:=1024;              //{设定发送队列长度为 1KB}
    MSComm1.Settings:='9600,N,8,1';           //{波特率 9600b/s,无校
                                                 验,8 个数据位,1 个停
                                                 止位}
    MSComm1.InputLen:=0;                      //{读取整个接收缓冲区内容}
    MSComm1.InputBufferCount:=0;              //{清除接收缓冲区}
    MSComm1.PortOpen=:True;                   //{打开串行口}
End;
```

8.3.2 系统软件

协同控制系统软件主要面向双电弧埋弧焊装备，系统适用于单、双丝埋弧自动焊焊接装备的使用，协同控制过程复杂，系统软件适应性与运行的稳定运行更为重要。协同控制系统的软件采用模块化程序设计，根据控制系统完成的功能，分为不同的功能模块。软件部分由起弧和收弧过程中主从机两台电源之间的协同控制及各自的焊接电流、电弧电压以及送丝速度等焊接参数的设定，实现对反馈采样信号的处理，对焊接过程的实时监控、焊接参数的动态显示以及对焊接时序进行设置等功能。软件系统主体结构流程如图 8-10 所示，系统文件存储结构如图 8-11 所示。

监控系统软件主要由三大部分组成：一部分为监测部分，一部分为系统数据管理部分，另一部分为系统控制部分。监测部分由两个模块组成，在界面中为三项菜单，分别为：参数设置、电参数实时显示和数据采集；数据管理部分主要用于系统数据的查询管理和分析计算，它们可在系统监测的过程中同时进行操作，该部分主要包括焊接质量监测、焊接参数优化和专家数据库系统三个模块；系统控制部分

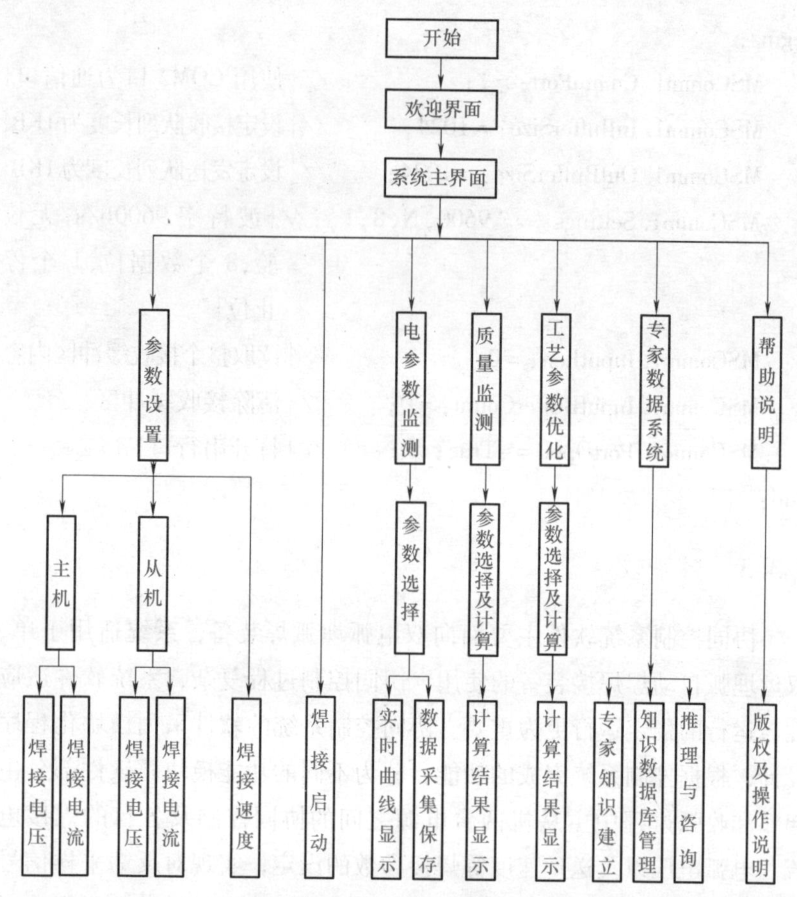

图 8-10 软件系统主体结构流程

包括起弧、焊接过程、收弧控制程序。此外，系统还设有帮助模块。运行设计的软件系统，其监控模块流程如图 8-12 所示。其中焊接过程监控模块软件设计是双电弧埋弧焊焊接过程系统软件设计的关键。将焊接过程监控模块的参数预置程序、启动程序、起弧时序控制程序、焊接过程监测程序、收弧时序控制程序和通信部分的发送、接收程序编成相应的函数，其中主要的函数结构和流程设计如下：

1）参数预置函数，该函数用于焊接系统参数的设置，表示为 Csyzhs，并设定函数返回值为 F_1、F_2、F_3，用于判断参数设置的有效

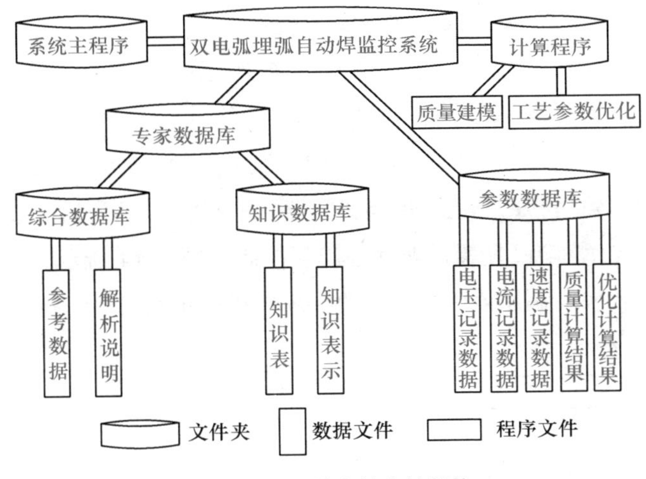

图 8-11　系统文件存储结构

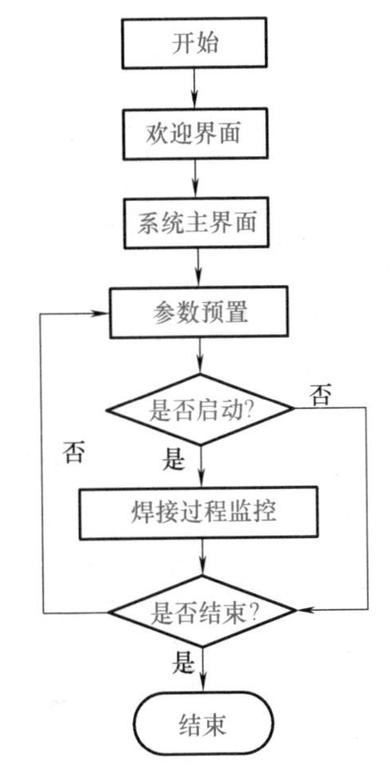

图 8-12　监控模块流程

性。该函数流程如图 8-13 所示。调用该函数时，先显示两主机电源电参数焊接电流 I_1、I_2，焊接电压 U_1、U_2和焊接速度 v 等参数的设置界面。该函数中需调用通信部分发送程序。

2）起弧控制函数，该函数用于两焊丝起弧的时序控制，表示为 Qhkzhs，并设定函数返回值为 F_{q_1}、F_{q_2}、F_{q_3}，用于判断起弧是否成功，当 F_{q_1}、F_{q_3} 为 1 时表示起弧成功，当 F_{q_1}、F_{q_3} 为 0 时表示起弧失败，前丝起弧后，F_{q_2} 用于判断延时时间是否为 T，T 为后丝以焊接速度 v 移过焊丝间距 l 所需的时间。起弧控制如图 8-14 所示。为了获得好的起弧效果，调用该函数实现两根焊丝按一定的时序起弧。

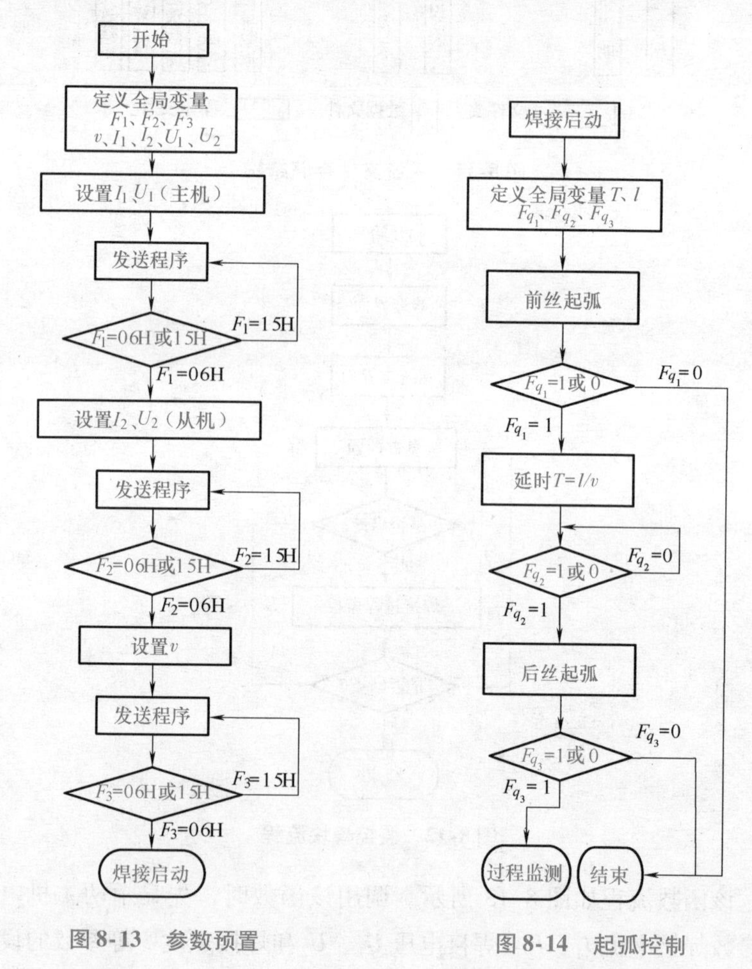

图 8-13 参数预置

图 8-14 起弧控制

3）焊接过程监测函数，该函数表示为 Hjgcjchs，并设定函数返回值为 I_{X_1}、I_{X_2}、U_{X_1}、U_{X_2}，用于将采集到的电流、电压信号由前台界面显示。该函数运行过程中，实时采集及显示由霍尔传感器拾取的电流、电压。对两台弧焊电源监测的函数流程如图 8-15 所示。该函数中需调用通信部分的接收程序。

4）焊接停止时，需调用收弧控制函数，该函数表示为 Shkzhs，并通过设定的函数返回值 F_s 来判断收弧是否成功。收弧控制如图 8-16 所示。为了获得好的收弧效果，需要调用该函数实现两根焊丝按一定的时序收弧。

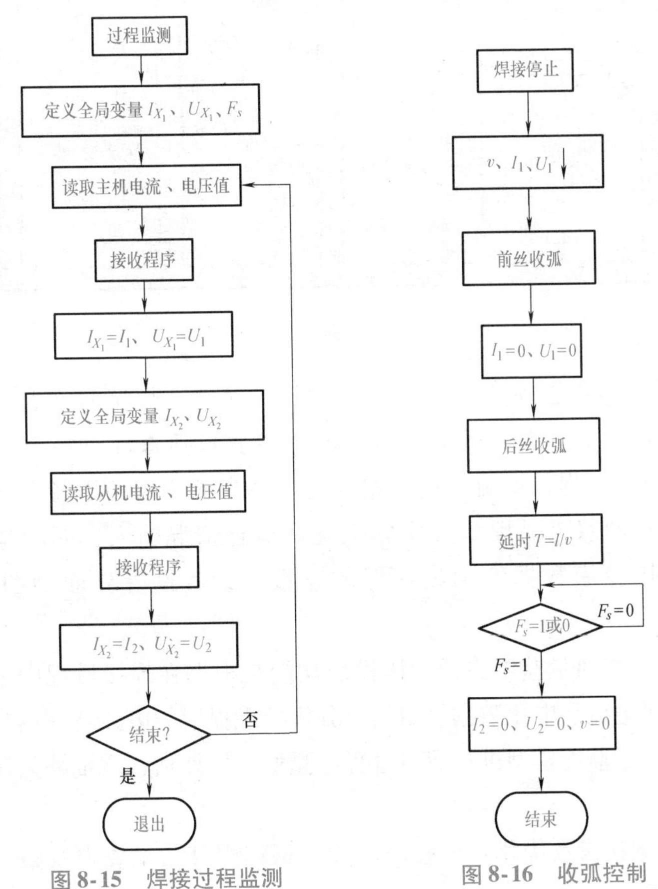

图 8-15　焊接过程监测　　图 8-16　收弧控制

开发的双电弧埋弧自动焊焊接监控系统集监测、控制、分析和管理于一体，共设计成7个模块。系统界面按功能设计成下拉菜单。该系统适应单、双丝埋弧自动焊焊接过程的监控，系统主界面如图8-17所示。在主界面中便可进行7个功能模块的操作。

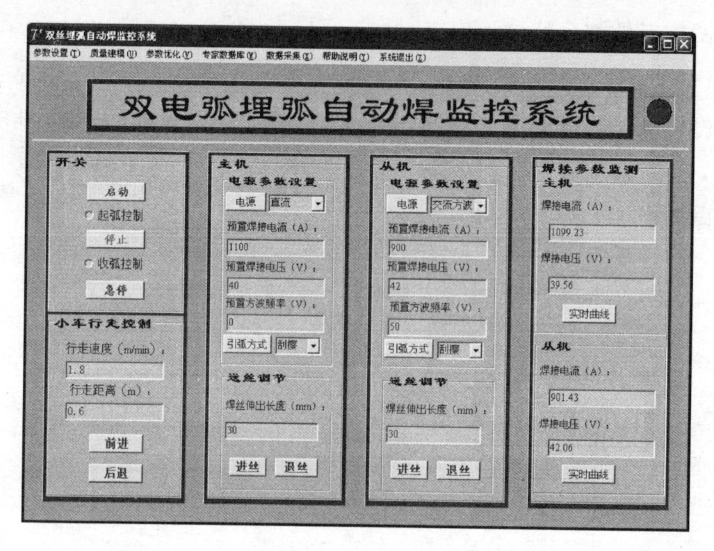

图8-17 系统主界面

1）参数设置模块。该模块包括焊接速度、焊接时间、两台主从机弧焊电源参数的设定。弧焊电源参数包括弧焊电源类型（交流、直流）、焊接电流、电压给定等。各参数均由使用者在现场根据待监控的双电弧埋弧焊实际工况和运行情况输入，同时也可以通过调用专家数据库预先存好的参数。参数设置界面如图8-18所示。

2）焊接质量监测建模。该模块功能是根据在焊接过程中采集到的主从机电流、电压数据经由信号分析处理提取的电弧特征信息或建立焊接质量监测模型进行焊接过程电弧稳定性评估、质量缺陷监测等功能。

3）焊接参数优化。该模块功能是根据焊缝质量要求及条件，通

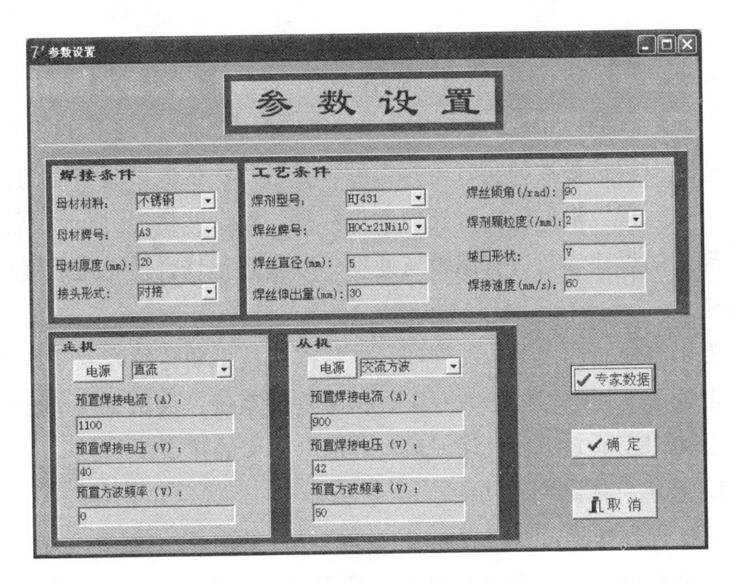

图8-18 参数设置界面

过优化模型计算得出合适的焊接参数。

4）专家数据库系统。主要对埋弧焊焊接参数及规范进行综合信息管理。

5）数据采集。该模块的功能启动采样程序，采集的信号经前置放大和A/D转换后由PLC主模块经RS232传输至计算机。计算机自动把测量结果存储到数据库，同时以图形的形式在主界面显示。

6）监控启动。该模块用于对监控系统的运行与停止，主界面中有启动和停止两个按钮。选择起弧控制后，单击“启动”按钮，系统执行焊接启动函数（Hjqdhs），按时序启动主从机进入监控状态；选择收弧控制后，单击“停止”按钮，系统执行收弧控制函数（Shkzhs），按时序停止主从机，焊接结束。

7）系统帮助说明，对该系统功能与操作进行详细的介绍。

8.4 焊接参数专家数据库系统

通过对焊接参数的实时监测，可以获得每次工艺试验对应的焊接参数历史数据。根据监测得到的历史数据，对工艺情况进行评判，对比较理想的焊接参数进行编辑与处理，以备其他场合使用或后续的分析研究。

为了方便对焊接参数的管理，将数据库技术与传统专家系统相结合，设计了埋弧焊焊接参数专家数据库管理系统，提出了基于数据库的框架知识表示方法和设计了基于数据库结构的知识库[1,2]。

1. 系统总体结构和功能

埋弧焊焊接参数专家数据库系统的设计采用模块化结构，系统总体结构主要由人机界面、知识库、推理机、综合数据库、解释程序、知识获取模块和帮助系统组成，如图 8-19 所示。系统运行时，用户可通过人机界面实现对知识库和综合数据库的各种操作，由推理机通过调用知识库和综合数据库来完成焊接参数的设计工作，并将临时结果存放在综合数据库中，通过人机界面，用户可以看到设计结果，或将结果提取、归纳出来写入知识库，用户可随时调用帮助系统来查阅相应操作信息。

根据系统的总体结构和各模块之间的关系，从整体考虑设计系统的功能菜单。图 8-20 显示了该系统菜单结构组成。

2. 基于数据库的知识库组建与管理

知识库是人工智能和数据库技术相结合的产物，是以一致的形式存储知识的机构，是对知识进行系统化组织与存储。在人工智能领域里对应不同领域的应用和不同的知识结构有多种不同的知识表示方法，常用的知识表示方法有一阶谓词逻辑表示法、框架表示法、生产规则表示法、语义网络表示法、脚本表示法和产生式表示法[3]。其中框架结构表示方法是一种表示定型的数据结构，它的顶层是固定的，

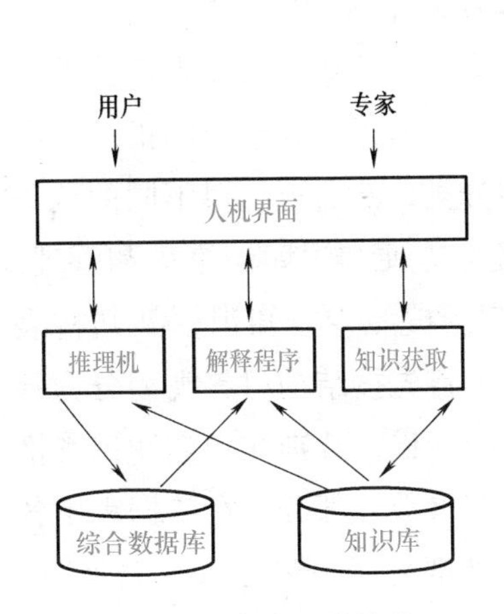

图 8-19　专家系统结构

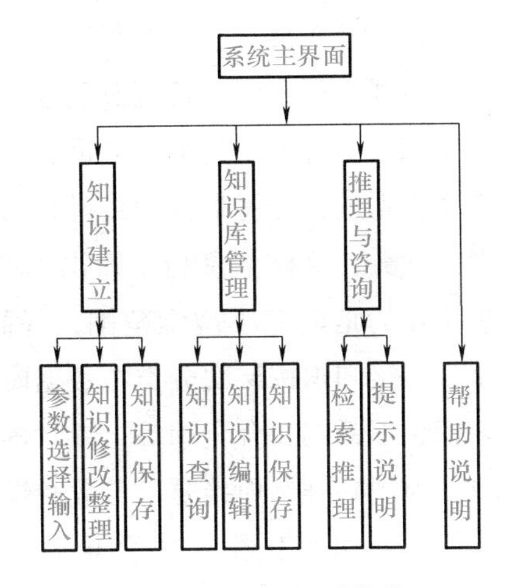

图 8-20　系统功能菜单

表示某个固定的概念、对象或者事件，其下层由一些槽的结构构成，每个槽根据实际情况被一定类型的实例或者数据所填充，所填写的内容称为槽值。框架结构表示如图 8-21 所示，其中超类、类、单元、槽的关系形成一个层次网络，其结构与数据库结构比较相近。框架的所有属性、对属性进行操作的方法以及操作时使用的规则，都封装在框架之中。结合数据库的结构特点，框架结构这种形式接近焊接领域专家知识的结构，也比较容易改进和在数据库中表示。

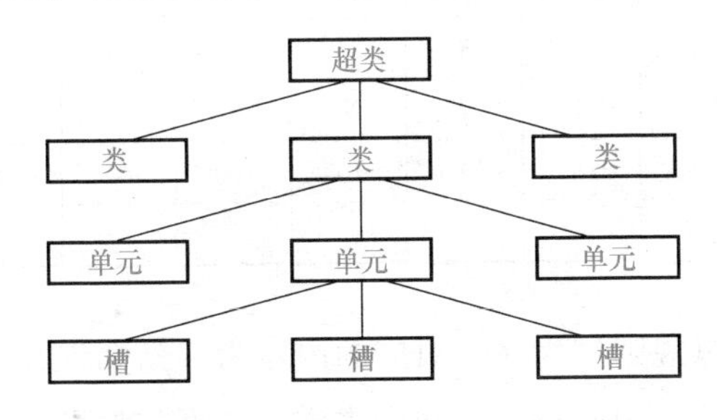

图 8-21　框架结构知识表示方法

专家数据库系统根据原始参数包括：母材、种类及牌号、厚度、焊接位置及其他所需采取的工艺措施，系统索取适合该条件的焊接坡口形式、接头形式、焊丝材料、焊丝牌号、焊剂、焊丝直径、焊接电流、电弧电压、焊接速度及其他相关参数，系统还可以根据焊接质量的要求，对应该采用的工艺措施给出提示。为了提高系统的推理搜索效率，系统首先将根据焊接母材的类型分类，然后再针对不同的接头形式细分，这样不仅利于知识库的构建、方便知识库的维护和管理，更重要的是能缩小搜索范围，提高效率。按照专家知识框架结构表示，焊接知识按层次分类在数据库表示，首先按结构材料类型分为碳素钢、不锈钢和合金钢等，针对各模块的知识，分别在构建知识表格时分为规则号、焊接要求参数和焊接规范参数三部分。在数据表中各字段名（相当于图 8-21 的单元部分和槽部分）分别定义为规则号、焊接要求和焊接参数。焊接要求以焊接方法、背面保护措施、焊丝类型、接头类型、工艺措施、焊丝型号等为字段名；焊接参数指焊丝直径、坡口类型、焊接规范参数等为字段名。各字段的属性根据具体情况分别设置为数字类型或者文本类型。数据表结构所表示的知识框架见表 8-2，同时该结构框架的具体内容也是知识的数据源。

表 8-2 部分知识在数据库中的表示

规则号	母材厚度	焊丝类型	焊剂型号	焊丝直径	焊接速度	焊接电流 1	焊接电压 1	焊接电流 2	焊接电压 2	…
0001	10	H08A	HJ431	3	25	600	38	500	40	…
0002	15	H08A	HJ431	4	20	700	39	600	41	…
0003	20	H08A	HJ431	3	16	800	40	700	42	…
…	…	…	…	…	…	…	…	…	…	…

表 8-2 中以规则号为序，对应的内容为一条知识，其中规则编号是不能够重复的，因此将它定义为主键，数据类型设置为数字。采用这种知识表示方式，由于表中字段名直接为描述对象的概念，表格内容为其属性或者特征参数，这不仅便于区分知识的应用范畴，也为推理机检索并匹配知识提供了快捷的路径，提高检索效率。其次，当碰

到新的焊接要求和焊接参数时，则弹出对话框，引导用户完成新规则的添加、旧规则的删除。

3. 系统功能设计与实现

埋弧焊专家数据库系统按功能设计成界面。前台界面和数据库系统分别采用 DELPHI7.0 和 SQL2000 编程实现。进入系统主界面如图 8-22 所示。在主界面便可进行各功能模块的操作，包括知识建立、知识管理、咨询与推理、帮助说明四个功能模块，知识库建立界面如图 8-23 所示[4]。

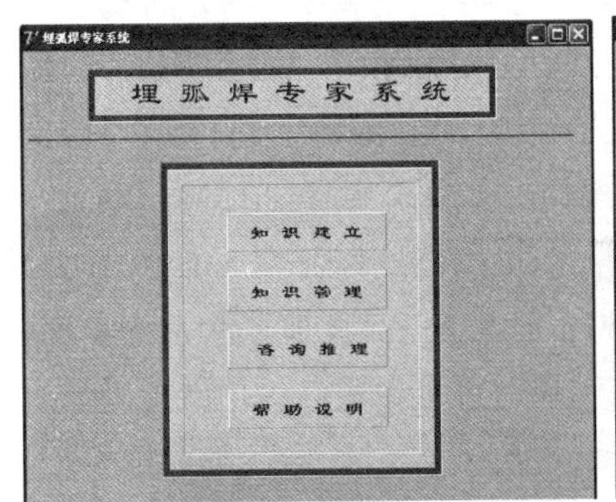

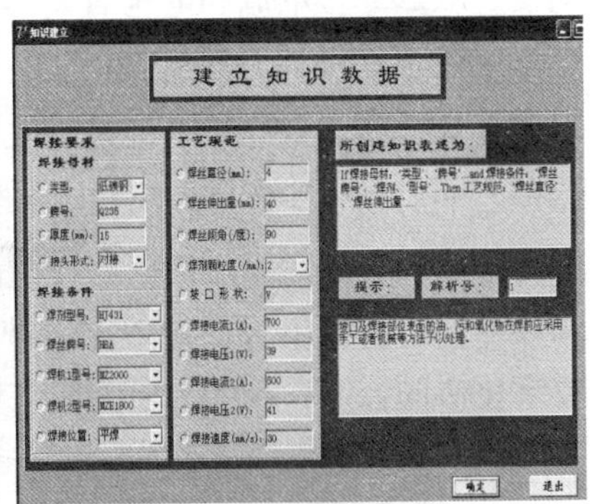

图 8-22　系统主界面　　　　图 8-23　知识库建立界面

4. 专家系统的通信

专家数据库系统的通信主要是专家数据库系统检索或者推理得出的焊接参数显示至前台界面并传输至主、从机弧焊电源、送丝系统和行走机构控制器，传输流程如图 8-24 所示。

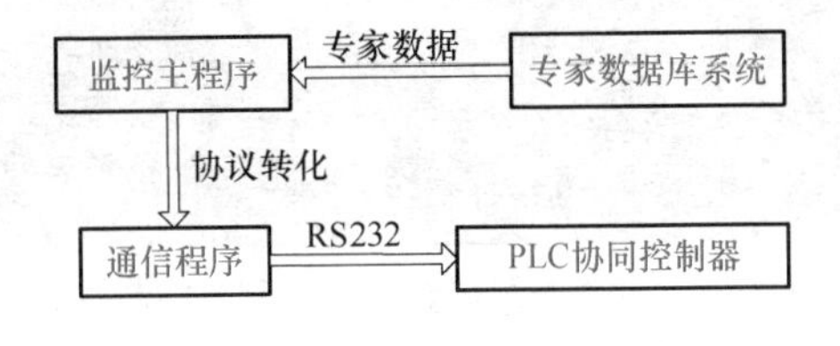

图 8-24　专家数据传输流程

8.5 应用实例

双丝埋弧焊数字化监测与控制平台主要由两台逆变式焊接电源，焊接行走机构（龙门架），交流和直流电源控制箱，行走控制箱、导轨以及电弧信号采集及数字化协同控制系统组成，如图 8-25 所示。其中两台焊接电源分别为 MZE-1000 型方波交流埋弧焊电源和 MZ-1250 型直流埋弧焊电源。通过交直流电源控制箱和行走控制箱可以分别设置双丝焊接电流和电压的大小、焊接速度的大小、行走机构的行走方向以及焊机的启动和停止。电弧信号采集系统由传感箱、采集器以及计算机构成，焊接电流电压信号经传感箱内布置的霍尔电流传感器和电隔离量电压传感器后送入采集箱，经采集系统处理后由以太网接口传送给计算机进行示波和存储。双电弧高速埋弧焊系统中的两台弧焊电源恒流输出特性是通过电源内部自身电流反馈控制系统实现。数字化协同控制系统的主要功能是实现对焊接参数的优化设置、焊接

图 8-25 双丝埋弧焊数字化监测与控制平台

1—传感箱 2—计算机 3—协同控制器 4—MZE-1000 交流电源 5—MZ-1250 直流电源 6—行走控制箱 7—交直流电源控制箱 8—送丝机 9—导电嘴

过程运行状态的实时监测、两电弧稳定性及和各主体部件的协同控制[5]。整个焊接系统，实际上是以计算机监控系统为上位机的，弧焊电源、行走机构等为下位机的分布式控制系统。电源自身的控制系统保证了电源自身的外特性以及动态特性等技术指标。

利用该试验平台可以进行单丝直流、单丝方波交流以及双丝埋弧焊的焊接试验。其中 MZE-1000 型方波交流埋弧焊电源有方波交流和直流两种输出模式可供选择，最大输出电流为 1000A；MZ-1250 型电源为直流埋弧焊电源，最大输出电流为 1250A。焊接过程中龙门架沿导轨行走，最大行走速度为 6m/min。

双丝高速埋弧焊焊接过程中进行测试试验，试验条件：MZ1250 + MZE1000 逆变式埋弧焊电源组合，低碳钢板，板厚 20mm，前面焊丝 ϕ5mm，后面焊丝 ϕ4.8mm，焊丝牌号 H08A、焊剂 HJ431、堆焊方法。在该试验条件下，运行计算机监控系统后选择采集频率和通道，输入信号采样时间，进行工艺试验。双丝埋弧焊焊接参数见表 8-3，相应的电流电压波形以及焊缝外观如图 8-26 所示。从图中可以看出，焊接过程没有短路、断弧现象出现、焊缝在起弧和收弧处成形效果好，焊缝整体成形美观。

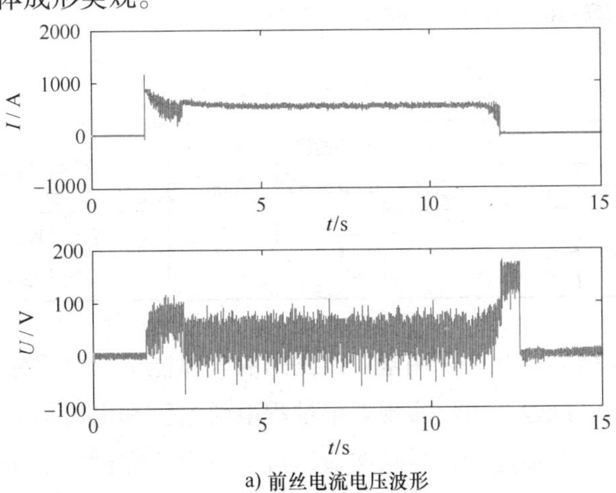

a) 前丝电流电压波形

图 8-26　双丝埋弧焊电流电压波形及焊缝外观

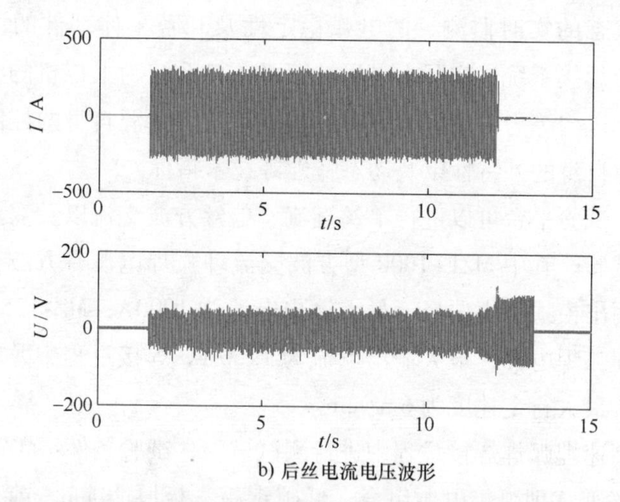

b) 后丝电流电压波形

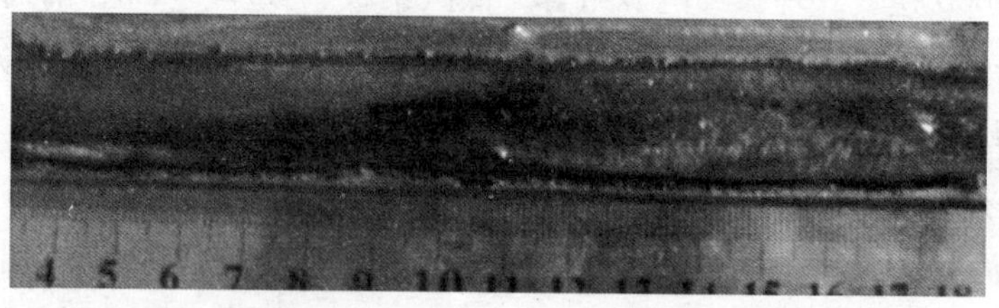

c) 双丝焊缝成形

图 8-26 双丝埋弧焊电流电压波形及焊缝外观（续）

表 8-3 双丝埋弧焊焊接参数

焊接电流/A		焊接电压/V		焊接速度/(m/min)	焊丝间距/mm	焊接情况
前丝	后丝	前丝	后丝			
650	550	30	36	1.0	30	焊接过程稳定，焊缝成形美观

根据试验结果可知，采用基于以太网的电弧能量信号采集系统进行双电弧埋弧焊试验，可以实现焊接过程电弧电流和电压信号的实时采集和存储，从电弧能量信号示波显示可以看出，在试验所设定的焊接参数下，焊接性能良好，焊接过程电弧较为稳定且焊缝成形美观。

参考文献

[1] Lucus W. Welding engineering expert system and multimedia computer programs [J]. Welding and metal fabrication, 1995 (4): 141-128.

[2] Barborak D M. PC-based expert systems and their applications to welding [J]. Welding journal, 1991, 29-38.

[3] 曹文君. 知识库系统原理及其应用 [M]. 上海：复旦大学出版社，1995.

[4] 何宽芳，黄石生，孙德一，李鹏. 面向埋弧焊专家系统 [J]. 华南理工大学学报：自然科学版，2008，36 (10): 135-139.

[5] 何宽芳，黄石生，李学军. 双电弧共熔池埋弧焊数字化协同控制系统 [J]. 中国机械工程，2011，22 (2): 235-238，239.